ブックレット〈書物をひらく〉21

江戸水没
寛政改革の水害対策

渡辺浩一

平凡社

江戸水没――寛政改革の水害対策［目次］

はじめに

二〇一八年は地球温暖化の影響が誰の目にも明らかになったという点で、記憶される年になるかもしれない。六月末から七月上旬にかけて前線と台風七号がもたらした西日本豪雨によって、広島県・岡山県などを中心に十四府県で二百三十七人という痛ましい犠牲者を出した。▲引き続き二〇一九年でも、温度が上昇した海水に支えられて「急速強化」した台風一九号は、一〇月一二日には伊豆半島に上陸し、静岡県・関東地方・長野県・福島県・宮城県で合計死者八四人不明九人という被害を出した。堤防決壊は七一河川一三五ヶ所、住宅の浸水被害は六万八〇〇〇棟以上に及んでいる（以上NHK、一〇月二三日現在）。筆者の住む地域も浸水した。大きな自然災害が毎年のように起きるようになってしまったのだろうか。

さて、こうして私たちは風水害に遭うことが多くなっている。そうすると、これから自然災害とどのように向き合っていけばよいのだろうかということに思いをめぐらすことになる。そこで、例えば江戸ではどうだったのか、ということについて、この本では見ていきたいと思う。

江戸は、説明するまでもなく徳川幕府の所在地であり、人口百万人以上という

六月末から…… 二〇一九年一月九日消防庁情報。

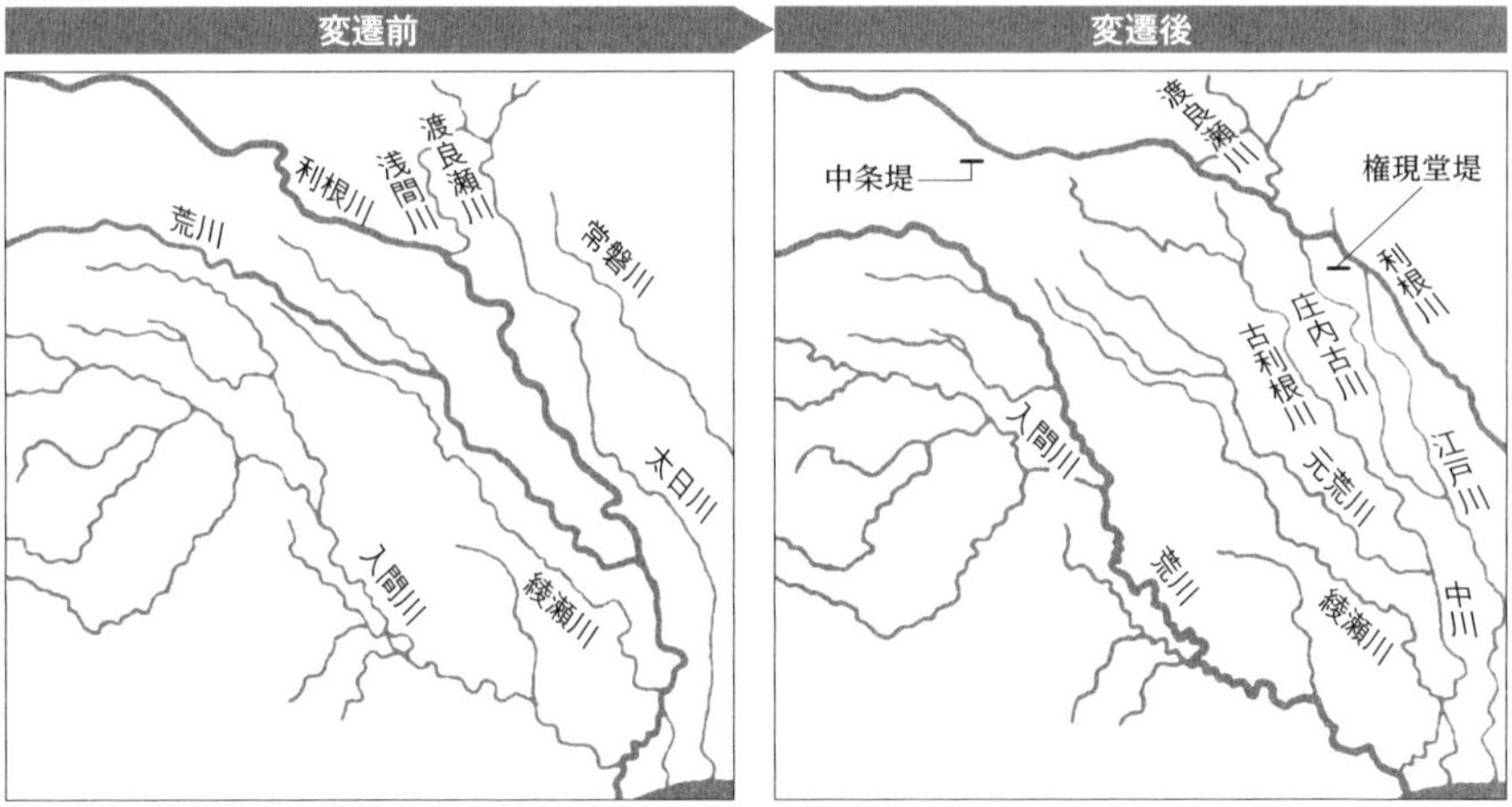

図1　関東地方の水系の変化　陣内秀信・高村雅彦編『水都学』Ⅲ（法政大学出版局、2015年）46頁の図に一部記入

巨大な都市でもある。その巨大都市における風水害について考えるとすれば、そもそも江戸がどのような場所に、どのようにできあがってきたのかということをあらかじめ理解する必要がある。

　もともと江戸ができた場所は、利根川水系と荒川水系の二つの水系が海に出る河口域のかたわらにある。いわば関東地方の自然地形上の焦点である。そのため、関東地方に大きな洪水が起きた場合には、二つの水系の洪水流は江戸ができる場所のすぐ東側に殺到することになる。こうした場所に江戸は建設された。

　江戸の建設の前から十七世紀後半にかけて、利根川水系の流路の変更が人為的に何度も行われた。江戸湾にすべての水が流下していた状態から、約半分は銚子方向に、つまり現在の利根川に流れていくように川を人工的に次第に改変していったのである（図1参照）。そうした流路の人工的改変を実現するために、中流域の右岸にいくつかの堤防が建設された。特に中条堤《ちゅうじょうづつみ》（埼玉県行田《ぎょうだ》市）と権現堂堤《ごんげんどう》（埼玉県幸手《さって》市）はポイントとなる堤防である。そのため、これらの堤防が川の極端な増水により破堤すると、洪水流は利根川の幾筋かの旧河道に沿って南進し、江戸に到達することになる。

江戸のなかの川の流れに注目すれば、近世の江戸ができあがっていく過程で、日比谷入江に注いでいた平川の流れを、外堀（神田川）を作ることによって人工的に変更した（図2参照）。それによって、平川の水流は、現在の秋葉原の東側で隅田川に合流することとなった。この大きな自然改造によって、江戸の中心部は洪水から免れることができたが、その代わり隅田川が増水した場合は外堀に逆流するようになった。そうすると、井の頭池（現在の井の頭公園）などを水源とする神田上水の水が流下しなくなるため、小石川から市ヶ谷にかけてのエリアで水が溢れ、洪水となる。

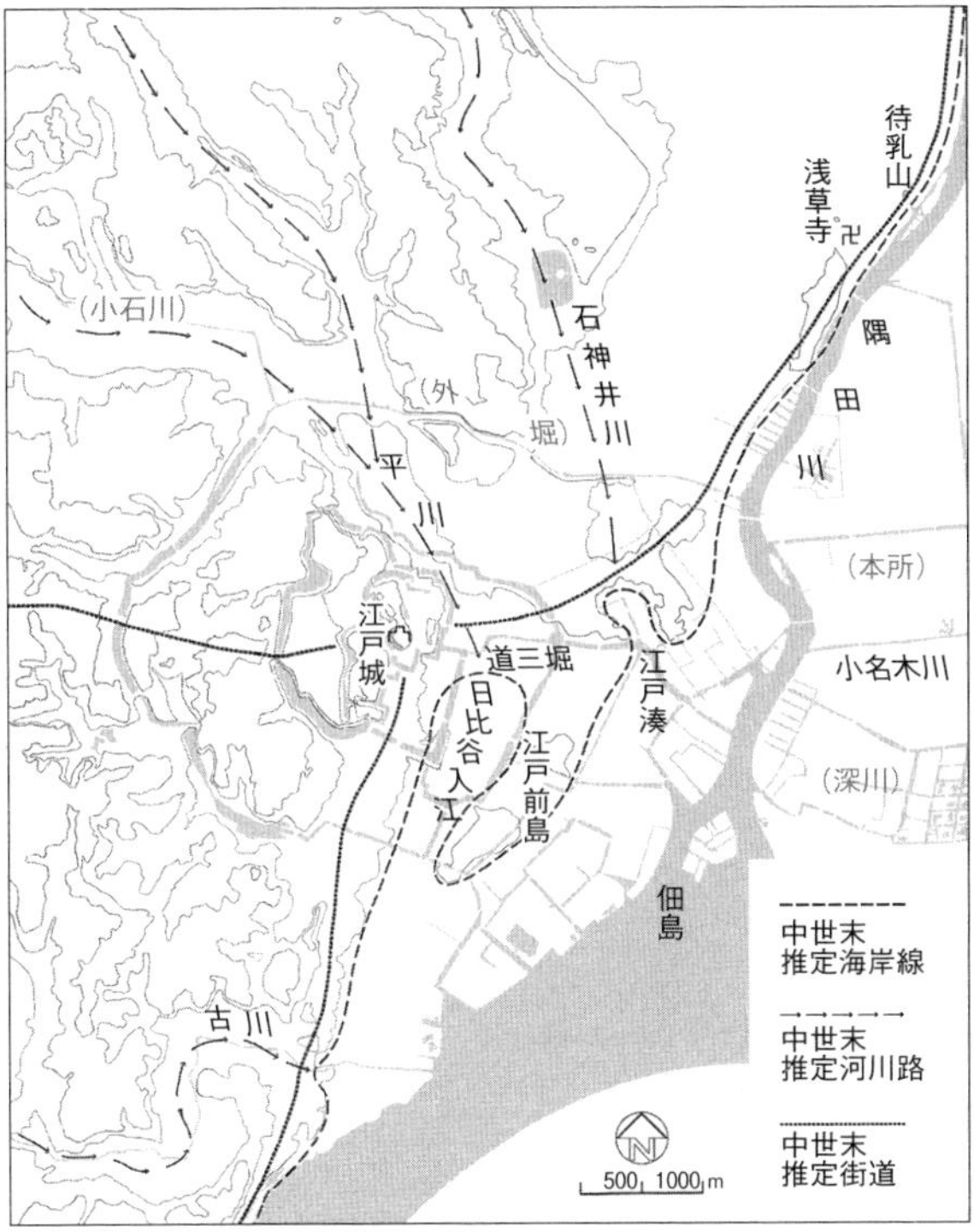

図2　江戸の形成　『都市史図集』（東京大学出版会、1993年）192頁の図に一部記入

また、近世初頭から漁師町などが存在した本所・深川地域は、一六五七年の明暦の大火以降、幕府によって計画的に開発された。この地域の南東部分は干《ひ》潟《がた》であったから、洪水に遭いやすい広大な土地を生み出

して人が居住するようになったのである。そうすると、隅田川が増水した場合、標高が低いために、隅田川の東側にある本所・深川地域が浸水するということになる。

こうして、水害が常襲する都市江戸ができあがった。それは人間の手によって作られた人為的自然でもあった。

それでは、どれくらいの頻度で江戸は水害に遭っていたのだろうか。江戸時代を通じて水害は百件以上確認されている。平均して三年に一度以上ということになるが、死者が出るほどの大きな水害となると、おおむね三十年から四十年に一度発生していたと把握すればよいだろう。この間隔は、大水害が起きた時に前の大水害を経験した者がまだたくさんいるということを意味する。現代の東京は一九四七年のカスリーン台風以来大きな水害に遭っていない。そこからすでに七十年以上経ってしまった。大水害経験が継承されない間隔になっているといえるだろう。

江戸時代の三十年から四十年に一度の大きな水害は、寛文十一年（一六七一）、宝永元年（一七〇四）、享保十三年（一七二八）、寛保二年（一七四二）、天明六年（一七八六）、寛政三年（一七九一）、安政三年（一八五六）などである。▲本書で取り上げるのは、このうち十八世紀半ば以降百年間に起きた水害になる。

江戸時代の……　高山慶子「江戸深川漁師町の形成と深川地域の開発」（『年報都市史研究』二一号、二〇一四年）表2。

一▼洪水の減災対策——三俣中洲富永町の撤去

寛政改革の都市政策

松平定信といえば徳川幕府の寛政改革を主導した政治家として有名である。寛政改革の都市政策といえば、七分《しちぶ》積金《つみきん》の法と町会所の設立によって、飢饉のための食料備蓄を行ったことを思い浮かべる読者も多いであろう。また、この頃は欧米の船が日本近海に現れるようになったから、寛政改革では対外的な危機への対応として沿岸防備も行われた。そうした政策の構想は老中就任前から立てられていた。それを見るために、天明七年（一七八七）の江戸打ちこわし直後に書かれた定信の手紙の一部をまず読んでみよう。同年六月の水戸藩主あての手紙である。書き下し文で引用し、現代語訳も掲げる。▲

［前略］前文の如く凶年打ち続き候につき、次第に米穀乏しく相成り候て今日に至り候、このうえ万一大風出水など不時の変災これあり候わば、如何の御取り計らいこれあり候事にや、その節はまたまた人気《じんき》いよいよ相立ち、町《まち》

書き下し文で……　『東京市史稿 産業篇』三一（東京都公文書館、一九八七年）、五〇八頁。ただし、意味が通じるようにするために、一ヶ所のみ翻刻の読点を変更して書き下した。

在《ざい》ともに静かならざる様子これあり候て、長崎ならびに対州《たいしゅう》・松前の辺りも間隙に乗じ候心遣いの義、これあるまじき物にもこれなく候わば、救荒の御術も旧穀乏しきうえは成され方もこれあるまじく、御武威の示さるべきも御恩恵と並び行われざれば、全備仕《つかまつ》りがたきものに候えば、如何の御取り計らいこれあるべきの義やと相考え候ほど、小量の義わけて痛心至極に存じ奉り候て恐れ入り奉り候［後略］

前述のとおり①凶作の年が続いているので、次第に②米穀が乏しい状態が続き現在に至っています。このうえ、万一③台風や洪水など思いがけない災害が起きたならば、（幕府は）どのように対処すればよいのでしょうか。そうなればまた④人々の気持ちは荒立ち、都市も農村も不穏な状況になり、（そのうえ）⑤長崎・対馬や北海道の松前などで（外国船が）その間隙に乗じることへの心配もないわけではありません。人々の食料不足を救うことも備蓄が少ないためにできず、幕府の武威を示そうとしても将軍の恩恵（救済）と並行して行われないのであれば、完全な備えにならないので、どのように対処すべきかと（私＝定信が）考えれば考えるほど、（自分の）力量が小さいことに特に心を痛めております。

①は天明三年（一七八三）と四年に東北地方を中心に全国的な天候不順により凶作となり、東北地方では数十万人が餓死し、人肉食の風聞が流れるという凄惨な状況になったことを指している。

②は、大凶作によって食料が不足している状態にあることを言っている。米価も高騰していた。③は、天明六年八月の関東大水害が念頭にあるのだろう。④はこの手紙が書かれた年の五月に多発した日本各地の都市打ちこわしのことを言っている。⑤はロシア船が蝦夷地（北海道）に接近していることなどを指している。

このように、当時の状況認識として、定信は①天明飢饉、②食料欠乏、③風水害、④民衆運動、⑤対外的危機の五つを挙げている。定信が政権を掌握すると、①②④に関しては前述のように町会所を設立し、⑤に関しては海岸防備を実際に行った。③の風水害への対応については、これまでの研究ではあまり知られてこなかった。本書ではこの風水害への対処を江戸という場所で見ていきたい。

寛保二年大水害の教訓

話は四十年ほど前に遡《さかのぼ》る。寛保二年（一七四二）八月には、関東・中部地方に万単位の死者を出す大きな水害が起きた。これを引き起こした台風に関する自然

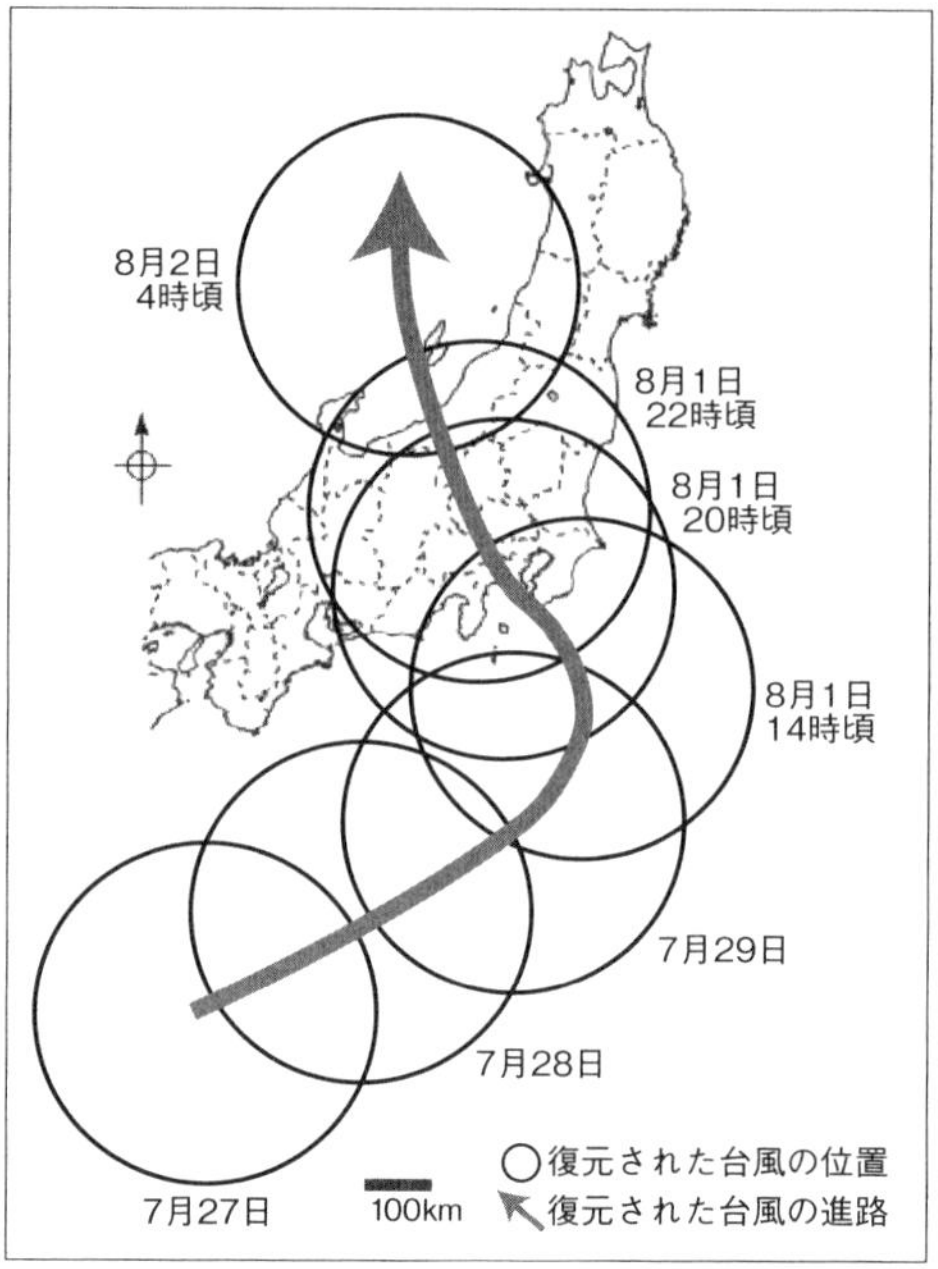

図3　寛保2年台風コースの復元　町田尚久「寛保2年災害をもたらした台風の進路と天候の復元」より図を転載

科学の研究がある。かつてこの台風は、被害状況の分布から推定して大阪湾付近に上陸して北東方向に進んだと考えられていた。しかし、町田尚久氏は、台風襲来時の八地点の風向の変化を調べた結果、八月一日（グレゴリオ暦八月三十日）に相模湾から上陸して北上し越後方面に抜けていったと推定した（図3）。台風は中心に向かって反時計回りに風が吹き込むので、例えばある地点で風が東向きから南向きに変わったと書いてあれば、台風はその地点の西側を通過したと推測できる。こうして台風コースの復元が可能になるのである。

さらに、その七日後の八月八日も江戸は大風雨となった。この日に風向は北から西に変化したので、江戸の東側を通過したことがわかる。さらに、八月五日と六日の関西方面の天気は晴であることが「歴史天候データベース」からわかるため、二度目の台風は太平洋上を南方面から北上してきたのではないかと思われる。

これら二つの台風によって日本列島中央部には大きな被害が発生した。信州では千曲《ちくま》川流域に大きな被害があり、上田城の大手門が土石流で打ち破られ、松代《まつしろ》

歴史天候データベース　十七世紀末から一八六〇年代まで、日本全国各地の毎日の天気分布がわかるデータベース。詳しくは後述。

城内も浸水した。佐久郡上畑《かみはた》村で死者二百四十八人、小諸《こもろ》城下町の死者武家地七十九人、町方四百二十八人、上田藩領死者百五十八人。松代藩郡奉行《こおりぶぎょう》の中間報告では死者千二百二十八人、飯山城下町と近隣村の死者十六人といった死者数が判明している。▲この数字を合計すると二千百四十九人となる。関東地方では利根川中流域の水系で中条堤・権現堂堤をはじめ合計十ヶ所で堤防が決壊し、沿岸は大洪水になった。このため死者数も夥《おびただ》しかったと思われるが信州ほど多くの信頼できる数字が記されている史料は明らかになっていない。関東の六つの河川流域で、「流家・潰家」一万八千百七十五軒、流死人千五十八人という被害があったとする「川通出水聞書《かわどおりでみずききがき》」▲という幕府普請役の被害調査がある。これ以上の数字の列挙は避けるが、この大水害の総死者数は一万人を超えることが推定される。

江戸の死者は、八月七日までの人数として三千九百十四人とする史料がある。本所・深川地域では、軒《のき》の高さくらいの浸水となり、たくさんの被災者が建物の屋根上・二階や樹上に逃《のが》れた。自分たちの家財を盗難から守るために浸水地域に残っているという人も含まれているだろうが、洪水がひくまでに六日以上かかったから、いずれにせよ彼らには水と食料が必要であった。それを供給するのが「助船《たすけぶね》」である。江戸町奉行所はこの時のべ三千三百五十七回救助船を出動させ、希望する者は隅田川西岸まで避難させ、浸水地域にとどまる者には握り飯と水を

信州では……　『長野県史　通史編　五　近世二』一八三―一八六頁。

「川通出水聞書」　『柏市史　資料編　五』二三九頁。よく引用される奥貫友山「大水記」（『日本農書全集』六七、農文協、一九九八年、一八頁）では、この数字が信濃・上野・武蔵・下総・常陸・上総・安房の被害として記されているが、少なくとも信濃は含まれていない。このほか「大水記」では被災村数が四千九十四ヶ村と読めるように書いてあるが、幕府普請役の報告では調査対象が千四百九十四ヶ村とあり、数字の誤写も含めて「大水記」が二重に間違っている可能性がある。というよりも奥貫が入手した時点ですでに間違っていたのであろう。もっとも史料原本未確認のため断言はできない。

渡した。また、江戸町奉行所は「御救小屋」という避難所を開設し、そこでも粥や握り飯を配布した。助船で救助された人数は八日間で五千百十三人に及んだ。この人数は当時の本所・深川地区の町人人口四万三千七百三十七人の一一・七パーセントにあたる。十人に一人以上が救助されたのであるから、その割合の多さに驚かされる。また、粥と握り飯の支給総量は十八日間でのべ十八万六千人分に及んだ。

こうした水害直後の対応がひととおり終了したのち、寛保二年十月六日に幕府は関東地方のいくつかの河川の堤防修復を大名に命じた。▲その同じ日に幕府では隅田川浚渫《しゅんせつ》の評議を行っている。町奉行から老中への上申書には「宝永元年（一七〇四）の洪水で本所・深川地区の多くの堀川が埋まってしまったので、その翌年に大名に堀川を浚渫させ、その浚《さら》った土を使って本所内の道路を作るとともに、高潮を防ぐ土手を築造した。その後は川の浚渫をしておらず、隅田川に出洲《でず》（岸沿いの砂洲）が多くなり川が浅くなったため、今回の洪水では四十年前の洪水よりも水の勢いが強くなり水がなかなか引かなかった。隅田川のいくつかの橋も破損した」と書いてある。このように大水害の原因を認識したため、町奉行は隅田川や本所の堀川を浚渫し、その浚い土で本所・深川の土手が崩れたり窪地になったりした場所を普請することを提案した。これに伴い詳細な計画書・見積書も作

寛保二年……　この点に関しては、北原糸子「研究の蓄積がもたらす災害像の更新――寛保二年（一七四二）の大水害について」（『信濃』七〇巻四号、二〇一八年）が詳しい。

高橋元貴氏は……　同「堀川の浚渫と土砂堆積、そして洪水」（渡辺浩一、マシュー・デービス編『近世都市の常態と非常態』勉誠出版、二〇二〇年二月刊行予定）。この点は拙稿二〇一七を訂正する。

高橋氏の研究　高橋元貴『江戸町人地の空間史――都市の維持と存続』（東京大学出版会、二〇一八年）。

図４　三俣中洲周辺の関係地図　渡辺2017の図に一部記入

成されている。

しかし、実施されたことを示す史料を今のところ見出すことはできず、高橋元貴氏は隅田川や堀川の浚渫は実施されなかったのではないかという▲。高橋氏の研究▲によれば、江戸の水路は通船できない状態にならないかぎりは基本的に浚渫せず、航路として使われている部分を除いては埋まっていたという。寛保二年大水害という未曾有の浸水に遭遇しても、この水路に対する幕府の基本的姿勢に結果としては変化がなかったということになる。隅田川や堀川の浚渫を長い間行っていないことが洪水激化につながっているという正しい認識がありながら、実行には至らなかったのである。災害教訓は生かされなかった。

明和八年の三俣中洲造成

寛保大水害の三十年後、隅田川の三俣中洲《みつまたなかす》に土地を造成することになった。その場所は、図４をご覧いた

図５　歌川豊春「江戸深川新大橋中須之図」　ボストン美術館

だくとわかるように、隅田川西岸（右岸）で新大橋のすぐ南側である。ここは、箱崎川との分岐点に田安下屋敷があり、そのすぐ北側にあたる。

この場所はこれ以前から舟遊びの名所であった。水の三《さん》叉《さ》路《ろ》であったから「三俣」または「別れの淵」と呼ばれていた。

寛文二年（一六六二）に刊行された江戸の地誌である浅井了以『江戸名所記』▲には、「まことに絶景のところなり」、「何よりおもしろきは、八月十五日夜の舟あそび也」、「いろいろの花火を出《いだ》し、春宵一刻直《あたい》千金の心地あり」、「月の名どころ」などと記されている。享保十七年（一七三二）の地誌である『江戸砂子』▲からも同様のことが読み取れる。

図5の歌川豊春の浮世絵には、この場所での舟遊びの光景が描かれている。画面左から右上に流れているのが隅田川であり、もう一つの水路（箱崎川）が右手へ分かれている。屋形船が何艘も描かれ、人々が夏の涼を楽しんでいる。

なかには中洲に下りる人もいる。
　こうしてみると、ここの名所要素は夏の船遊びと月であることがわかる。また、水面の大きな広がりがあること、そのために西方向に富士山、北方向に筑波山がともに見える場所という点も名所要素に加えてよいだろう。
　この三俣中洲の開発経緯は以下のようなものであった。開発を計画したのは町奉行所である。この土地造成の目的は、江戸の大伝馬町への助成を意図していた。大伝馬町は、幕府が公用で人や荷物を移動させる場合に、東海道の起点としての江戸と品川宿の間の伝馬と人足を無償で提供する義務を負っていた。大名行列が通れば、安い規定運賃で人馬を提供した。伝馬と人足は雇用しなければならなかったから、大伝馬町の経済的な負担は大きかった。その代わり、幕府や大名の用事がなければ市場価格で人馬を運用し、そこから利益を挙げることができるという仕組みになってはいた。しかし、市場価格での人馬の運用によって義務としての運輸負担を上回る利益を挙げることはできなかったため、幕府としては財政的に援助する必要があったのである。この援助を幕府財政に負担をかけずに行おうとしたのがこの土地造成事業である。
　明和八年（一七七一）頃のこの時期、大伝馬町には江戸の質屋から幕府へ毎年上納される金額が助成金として与えられていた。その八年分の七千六百両に大伝

『江戸名所記』『仮名草子集成』七（朝倉治彦編、東京堂出版、一九八六年）六六―六八頁。

『江戸砂子』 国文学研究資料館蔵（閲覧記号 P515/2）。

西方向に富士山…… 井田太郎「富士筑波という型の成立と展開」（『国華』一一一〇号、二〇一〇年）。

三俣中洲の開発経緯 片倉比佐子『大江戸八百八町と町名主』（吉川弘文館、二〇〇九年）。

馬町拝借屋敷の売却代金▲四千三百両を足して、土地造成の資金とした。土地を造成したあと、そこから収益を挙げようとしたものと思われる。

この計画を町奉行から提示された大伝馬町の町人たちは、当初その投機性を察知して承諾しなかった。町奉行と町人たちのやりとりを示す史料がかなりの分量現存しているのだが、そのなかに、隅田川のなかに土地を造成することが洪水を激化させるかもしれないという話が全く出てこない。特に大伝馬町の側はこのことを、計画を停止させる理由として使えるようにも思われるが、そのように主張した形跡がない。寛保大水害直後ですら水路の浚渫が実現していなかったのだから、少なくとも浚渫に関しては教訓を得ていなかったと言える。そう考えれば、この土地造成計画のなかで水害危険性が大きくは考慮されなかったのは当然といえよう。

最終的には町奉行が大伝馬町の町人たちの慎重姿勢を押し切り、計画は実行されることになる。明和八年（一七七一）五月以前に着工し、同九年九月に工事完了の検査が終了している。図6に見られるように、西岸から出っ張る形で土地が造成された。この商業地造成事業は、当時の老中田沼意次《おきつぐ》政権の「利益追求」という政策基調の典型例であると政治史研究では評価されている。▲また、この土地の造成に用いられた土砂は、明和九年（一七七二）二月の目黒行人坂《ぎょうにんざか》大火（一六

大伝馬町拝借屋敷の売却代金　大伝馬町の伝馬役負担者は伝馬役を負担するための助成の一つとして幕府の土地を拝借しその地代を受け取ることができた。その地代収取権を売却したということであろうか。

この商業地造成事業は……　藤田覚『田沼意次——御不審を蒙ること、身に覚えなし』（ミネルヴァ書房、二〇〇七年）。

記録　「麗遊《れいゆう》」（『東京市史稿　遊園篇』二）四〇九頁。

その様子を……　樋口一貴「中洲納涼図——歌川豊春筆」（『浮世絵芸術』一五六号、二〇〇八年）。

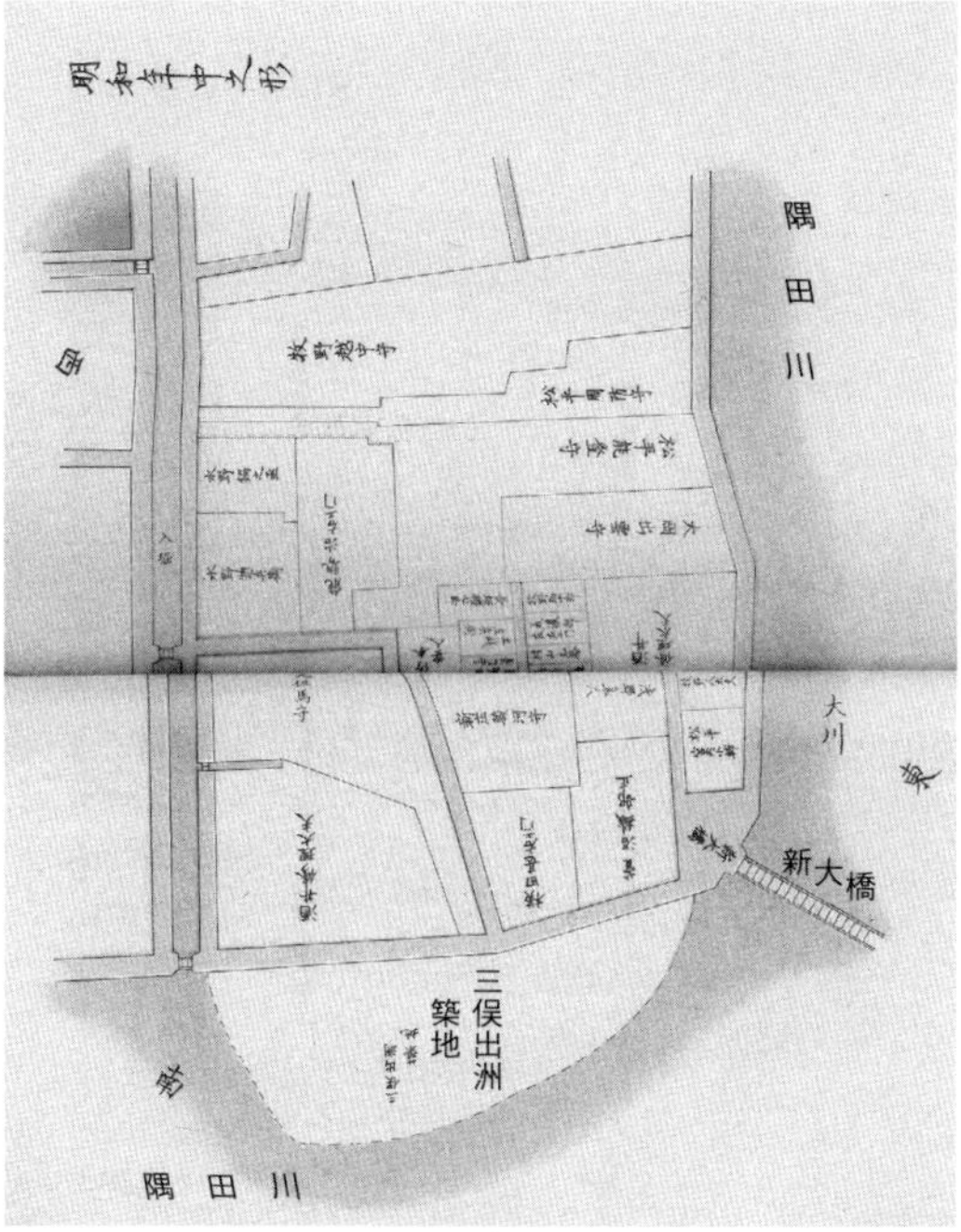

図６　「浜町入堀北側之内屋鋪々幷道式共」（『御府内沿革図書』第一篇下、東京市役所、1940年）に一部記入

五七年明暦大火に次ぐ被害、死者一万四千七百人）により生じた瓦礫であったとする記録▲もある。時期的にはこの大火は造成工事終盤に起きているので、火災瓦礫の利用は部分的だったものと思われる。しかし、災害教訓を汲み取ることができなかった結果行われたこの土地造成が、別の災害で発生した瓦礫も用いて行われたということは、水害と火災が頻繁であった江戸を象徴している。

この新しい土地は安永四年（一七七五）四月に三俣富永町《みつまたとみながちょう》と命名された。太田《おおた》南畝《なんぽ》をはじめとする文人たちが利用する著名な「四季庵」を含めた料理茶屋が十八軒、川遊びの船を出す船宿が十四軒、そのほか水茶屋九十三、湯屋三がここで営業した。岡場所（私娼）も含んだ遊興の地として繁栄し、北側に隣接する新大橋西広小路に匹敵するほどであったという。造成された土地がたちまち営業地として活用されるということは、それだけ土地需要が高かったということなのだろう。

その様子を次の図7で見てみよう。▲これは、東側から造成地の北半分を見た浮世絵であり、

図７　歌川豊春「浮絵 和国景夕中洲新地納涼之図」 太田記念美術館

屋形舟や小舟、それに造成地の茶屋や二階建ての料理屋から、多数の人々が花火を楽しむ様子が描かれている。

したがって、この場所は、水面の大きな広がりと遠くの独立峰を望む眺望、舟遊び、月見という名所要素に、歓楽街という大きな名所要素が付け加わったのである。ある随筆には、「料理茶屋・水茶屋などそのほかの家が建て続き、夏は涼み船もこの新地にばかりかかり、賑わった。その時は両国橋東西の橋詰め広場（広小路）も淋しくなり、両国あたりの商人が迷惑した」と記されている。▲

両国橋広場は、三俣富永町の上流すなわち北方約一キロメートルにある、江戸随一の繁華街であった。しかし、建前上は防火帯であったため、恒久建築物は禁止されていた。にもかかわらず仮設の大規模な劇場が六、落語の寄席が三、駱駝・象などの珍獣や奇術といった見世物をはじめ、料理屋や茶屋が多数営業していた。▲こうした豊富な名所要素を持つ盛り場の客を奪うほど、三俣富永町は繁栄したことになる。

この土地造成事業は、御船蔵前の砂洲と御材木蔵内堀の浚渫も伴っていた。したがって、事業全体としては隅田川の水流を阻害するばかりではなかったとも言える。水流への配慮（舟運と排水）もしながら、営業用地を確保するという優れた計画であったとする見方も可能ではある。しかし、川を浚渫する一方で川のなかに土地を造成するのだから、矛盾に満ちた事業であることは間違いない。しかも、結果としては、次の大洪水後には水害を激化させる原因と認識されたのである。

天明六年大水害をもたらした気象現象

天明六年七月十七日（一七八六年八月十日）に江戸は水害に見舞われた。この水害は浅間山噴火の泥流と火山灰による利根川水系の河床上昇が原因とされている。『徳川実紀』では「わけて雨風はげしく」とあり、杉田玄白が書いた『後見草《のちみぐさ》』にも「風雨殊に烈しく」と記されている。しかし、これらは後から書かれたものである。それに対してその時点で書かれた史料も見なければならない。豪商三井では三都の店舗の間でさかんに情報交換をしており、そこでは「［七月］十二日夜より雨降り出し、十八日迄終夜降り通し」と雨については書かれているが、風については何も記されていない。大きな金融商である播磨屋中井家日記には、「今日終日大雨。勿論時々少しずつ止み候えども、八日頃より雨止むことなく相

ある随筆には……　「塵塚談」（『東京市史稿　遊園篇』二）四〇四頁。

仮設の……　吉田伸之『身分的周縁と社会=文化構造』（部落問題研究所、二〇〇三年）第十二章（初出一九九八年）。

そこでは……　『三井文庫史料叢書　大坂両替店「聞書」』一（三井文庫、二〇一一年）四三頁。

播磨屋中井家日記　「日記　五番」（播磨屋中井家文書3、国文学研究資料館蔵歴史資料）。

降る。夜に入り弥々《いよいよ》強し。今日雷時々鳴り申し候。鳴様強し」とあり、これだけ詳しく天候について記録しているのに、風についての記述が全くない。日光東照宮の『社家御番所日記』でも「一、昨十三日より大雨洪水の所、今朝別て玉沢〔田茂沢〕川・大谷川洪水、向河原橋・玉沢〔田茂沢〕橋両所共四ツ時頃落ち」と二つの川が洪水になって二つの橋が落ちるという被害状況まで述べているのに風に関する言及がなく、木が倒れたというような記述もない。

こうしてみると、天明六年水害の原因は、台風ではなく集中豪雨であった可能性が出てくることになる。ただし、まだ結論を出すことはできない。水害発生から時間を経ずに書かれた史料をもっと探す必要がある。私は、梅雨前線がグレゴリオ暦八月に入っても関東地方に停滞し、遅い梅雨明け末期の集中豪雨かもしれないという仮説を立てた。この仮説を検証するためのツールとしては、十八世紀の末という時期ならば、「歴史天候データベース」がある。これにより水害前後の時期の日本全国各地の天気分布がわかる。

図8で黒い大きい円は大雨、小さい円は普通の雨を表している。江戸に最も近い八王子の天気は確かに八月十日の二日前から雨であり、さらにその前三日間は大雨である。この天候変化にやや近いのは日光だけであり、江戸の真西にあたる甲府の当日は晴（濃い灰色の円）である。八月一日から五日まで連続して晴れて

『社家御番所日記』『日光叢書　社家御番所日記』一二（日光東照宮社務所、一九七二年）四七七頁。

「歴史天候データベース」 https://jcdp.jp/historical-weather-database-jp/

いる。甲府よりもさらに遠く真西にあたる鯖江《さばえ》（福井県）でもこの時期は晴と曇り（薄い灰色の円）である。それより西の中部地方から九州北部まで、この関東大水害の直前十日間はおおむね晴れている。こうしてみると、関東地方から石川県にかけて、西側がやや北に上がった梅雨前線が停滞していたのではないかと思われる。北陸地方の情報があればもう少し踏み込んで推測ができるのかもしれない。ただ、雨台風の可能性も否定できない。以上の記述は気象学に関しては素人

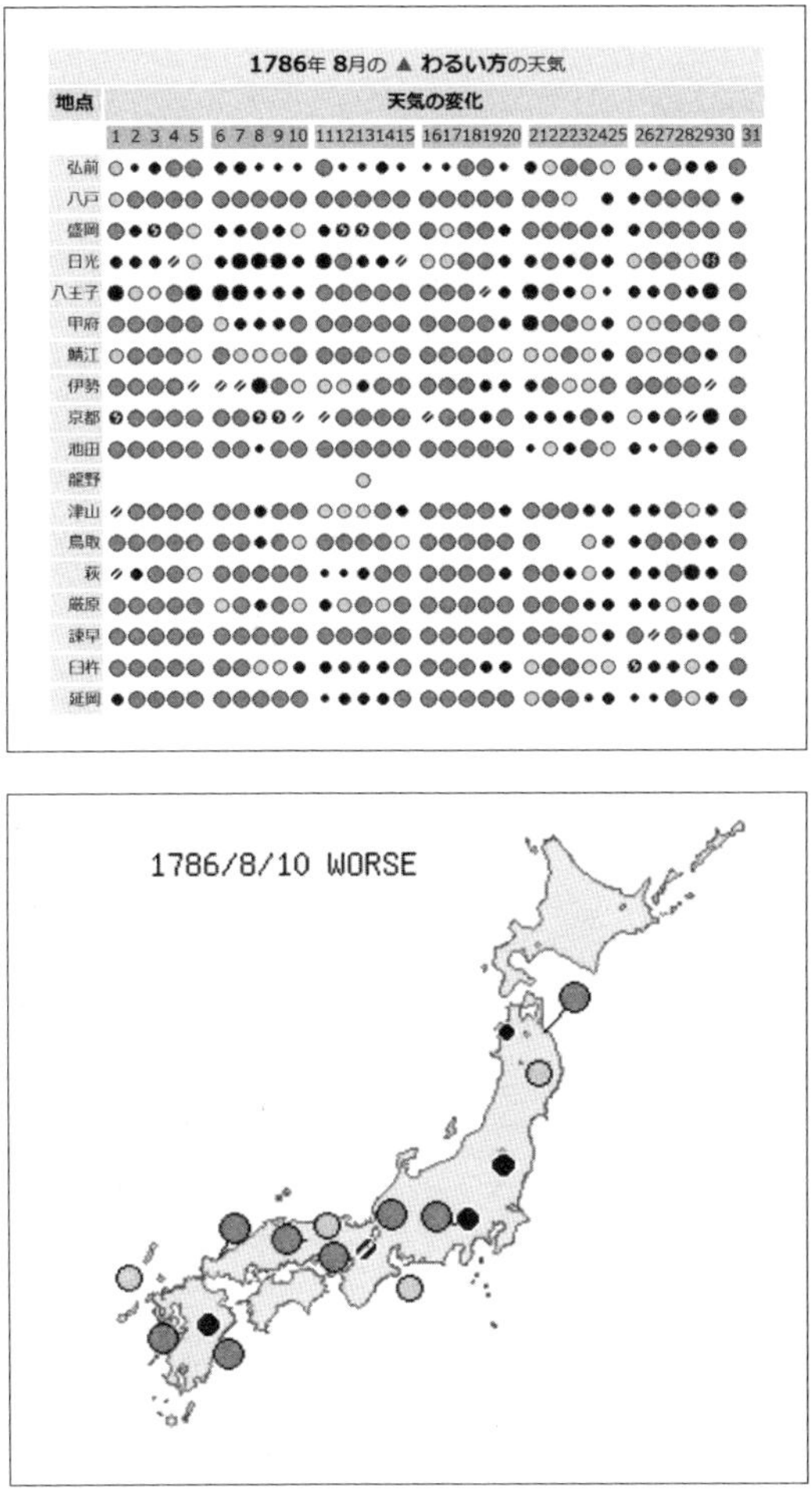

図8　1786年8月の天気分布　「歴史天候データベース」より

である私の憶測に過ぎない。専門家の教示が必要となる。

「歴史天候データベース」は、歴史気候学者たちが三十年かかって作り上げた。ぜひアクセスしていただきたい。ただし、今のところ全国の天気分布が判明すると言えるのは十八世紀の末以降であり、天候がわかる地点は時代を遡るほど減っていってしまう。したがって、このデータベースの拡充が必要である。日本には日記が多数現存しているから拡充の余地は十分にある。新たなデータを入力する古文書読解能力のある人を多数確保することが課題となっている。

実は私も大学院生時代に指導教員の紹介で理学部の先生から依頼されて、一七五一年から一八〇〇年の盛岡の毎日の天候をデータシートに記入するアルバイトをしたことがある。だから、先の図8の盛岡のデータは私が家老の日記から直接採録したものである。その時は気象災害の歴史の研究をすることになるとはよもや思わなかったので、人生の巡り合わせとは本当に不思議なことと感じる。

大水害の様相

天明六年（一七八六）の大水害を大雑把に説明しておきたい。寛保二年（一七四二）大水害と同じように、利根川・荒川水系の中流域では中条堤・権現堂堤がともに決壊し、流域は大きな洪水被害に遭った。江戸では、隅田川の水位が両国橋の地点で平常より一丈六尺（約四・八メートル）上昇した。このため、永代橋・新大橋は部分的に崩落した。

　当時の橋は多くは木で作られていたために、現在の鉄筋コンクリートの橋に比べると橋脚が格段に多かった。大洪水の時には、上流から船や倒木や家屋や上流の橋の一部などが大量に流れ下り、橋脚に引っかかる。引っかかった物のことを当時は「懸《かか》り物」と呼んだ。「懸り物」が増えると橋脚にかかる水圧が増大して橋が損壊するのである。隅田川にかかる橋は江戸が都市として機能するために重要なインフラの一つであったから、幕府の関心も高く、この段階では、川が極端に増水した際に橋の崩壊を防ぐための体制ができあがっていた。両国橋では、近くの米沢町の名主が水防役を勤め、▲鯨船と道具や材料が準備してあり、水防役の指揮のもとに人足が船に乗って橋脚に近づき、危険を冒して「懸り物」を取り除いた。天明水害の時にもこの作業により両国橋には大きな被害がなく、新大橋・永代橋ともに完全崩壊を免れたものと推測される。

　浸水のほうは、本所・深川地区のほぼ全域に及び、水深が大きいところでは軒の高さ以上の水位となった。また、隅田川西岸の浅草地域も浸水した。そのほか、小石川や目白などの山手地区の谷地形の部分も、「はじめに」で説明したように、隅田川から外堀（神田川）へと逆流して水流が滞って浸水した。さらに、「大橋よ

鯨船　舳《へさき》が鋭く尖っていて波を切ることができる和船の一種。捕鯨用の船として発達した船種が洪水用として採用された。田原昇「寛保水害以後の幕府水防体制と「鯨船」」（『東京都江戸東京博物館研究報告』一六号、二〇一〇年）に詳しい。

り手前浜町辺へ水往来［ママ］へ水上り候」▲（両国橋の南東側の浜町付近の往来に水が上がってきた）ということなので、位置関係からは三俣富永町も浸水した可能性が高い。

減災対策としての三俣富永町撤去

この水害は、田沼政権の目玉政策の一つである印旛《いんば》沼《ぬま》干拓事業が失敗する原因となった災害である。これと将軍家治《いえはる》の死去が引き金となり、田沼意次は失脚する。政治史に大きな影響を与えたこの災害は江戸でどのように受け止められたのであろうか。旗本である森山孝盛が書いた日記▲の七月二十二日条には、以下のように書かれている。

> 今回の洪水は先年の洪水よりも倍の水嵩《みずかさ》である。これは印旛沼干拓と中洲新地（三俣富永町）が原因であると洪水に遭った者がさかんに言っている。無視することができない巷説である。

天明六年（一七八六）大水害の原因は印旛沼干拓と三俣富永町であると多くの被災者が言っている、というのである。しかも、森山はこの説が真実を突いている可能性があると認識していることもわかる。印旛沼工事は田沼失脚により中止と

大橋より…… 「江戸六組飛脚問屋書留」（『東京市史稿　産業篇』三〇）二五〇頁。

森山孝盛が書いた日記 『自家年譜　森山孝盛日記』上（国立公文書館内閣文庫、一九九四年）一八三頁。

なった。しかし、三俣富永町は存続している。

翌天明七年五月に江戸で打ちこわしが起きる。首都の治安が維持できなくなるという危機的状況を脱するために、翌月に松平定信が老中に就任した。天明七年後半には、定信は他の老中を旧田沼派から定信派に刷新し、翌天明八年三月には将軍補佐となって改革政治の政権基盤を確立した。十月に勘定所御用達商人を任命した。彼らは、後に展開される米価調節・金融・公金貸付、そして最も有名な棄捐令《きえんれい》などの経済政策を担うこととなる。▲翌寛政元年（一七八九）三月に郷蔵設置令を出して全国に備荒貯蓄を命じた。▲こうした改革政策を打ち出したのち、いよいよ三俣富永町の撤去計画が動き出したようだ。

寛政元年十月に三人の大名が「大川浚い御普請御手伝」を命じられた。いわゆる将軍に対する奉仕の一つである大名御手伝い普請として、隅田川の浚渫が命じられたという意味である。ただ、この時期には大名が直接工事を行うことはなく、幕府が指定する請負業者が工事をしていた。この指示を受けて、翌十一月には工事請負業者のもとで、「土木工事に慣れている人足を集めて世話する者」を公募する町触《まちぶれ》が出された。『森山孝盛日記』には、隅田川浚渫のなかで「深川中州新地」の撤去が行われたこと、寛政四年二月までにその工事が終了したことが記されている。

天明七年後半には……　竹内誠『寛政改革の研究』（吉川弘文館、二〇〇九年）。関係部分の初出は一九七二年。なお、棄捐令とは札差に旗本・御家人に対する債権を放棄させる法令である。

翌寛政元年……　高澤憲治『松平定信政権と寛政改革』（清文堂出版、二〇〇八年）、同『松平定信』（吉川弘文館、二〇一二年）、深井雅海「宝暦天明から寛政」（『岩波講座日本歴史　一三　近世三』、岩波書店、二〇一五年）。

この施策が松平定信本人の意思によって行われたことを示す史料を示そう。それは寛政二年正月付の水戸藩あての書付▲である。

寛政二年正月付の水戸藩あての書付
『東京市史稿　産業篇』三三（東京都公文書館、一九八九年）三七七頁。

隅田川浚渫のことは、庶民を救う趣旨である。しかし、天明六年の関東水害により多数の大名から手伝普請という名目で費用負担させたので、通常の大名手伝普請で行うことは無理である。また、江戸や近在に夥しい人数がおり、たった一つの川の普請だけでは人々が満足するほどの波及効果は期待できない。そこで「坪割之手法」を採用し、働き次第に賃銭を渡すことにすれば、大名の出金も少ない。庶民の潤いは薄いように見えるかもしれないけれども、賃銭を三割増しにすれば潤いにならないとはいえない。「葛西・本所出水を免レ候も御救之一ツ（葛西領と本所が洪水を免れること自体が御救いの一つである）」。さらに、永代橋あたりの船の通行がよくなれば物価引下げの効果もあるだろう、さらには工事現場の周辺での煮売りやもっこ・鍬・草鞋の商いに対しても助けになるだろう。

このように、水害を防ぐことが「御救」になると主張している。また、公共工事がもたらす多様な経済的波及効果を説明する。

以上から、三俣富永町の撤去を含む隅田川浚渫が定信自身の意思であると言える。さらにこの工事が洪水対策であると本人が強く認識していることも明らかである。

一方、世間の側でも水害対策が御救いであるとの認識があった。『よしの冊子』▲には、「中洲は田地の障《さわ》りになる」と記されている。これは三俣中洲の造成地が川の水の流下を滞らせるため、上流の田地の冠水がひどくなることを言っているのであろう。また、「深川大名屋敷の水門に草鞋が一足引っ掛かっただけで水門内の掘割りや池の水が七、八寸（約二一から二四センチメートル）も増えるのだから、三俣中洲造成地が上流地域の水害をひどくしていることは明白だ」とも記されている。

さらに、三俣中洲造成地を撤去した後、寛政四年七月十五日以降の記述に、「荒川が氾濫したけれども上流では猿が股の堤防が幕府による普請で修築されたことにより決壊せず、下流では中洲造成地がなくなったから「格別の大水」にはならず、それはありがたいことだと世間では言われている」とある。三俣中洲造成地を取り去ったことに減災の効果が実際にあったとの認識が存在したことがわかる。

『よしの冊子』『随筆百花苑』九（中央公論社、一九八一年）五七・四九一頁。

三俣富永町撤去の経過

中洲造成地を撤去するためには、まずその住民を移動させる必要がある。幕府が町人地を接収するときは、代地を与えるという原則があった。▲しかし、この事例の場合は、代地を与えずに移転料を支給した。家作の移転料は、一坪あたり銀十五匁《もんめ》のうち、借家人には銀七匁五分、借家所有者には銀七匁五分ずつであった。また、仕事を失う名主に対しては金十両を支給した。強制移転に際してはそれなりの補償があったということである。

しかし、実際には住民にとってはたいへんな損害であった。住民が自分の土蔵を売却▲しようとしても、足元を見られて通常は三十両か四十両で売ることができるはずなのに、四両とか五両の値段しか付かなかったという。

では、中洲撤去工事そのものがどのように行われたのか。まず、この工事は大名御手伝普請という形式であるが、「御勘定所樋橋《ひはし》棟梁」および勘定所で決めている「定請負人」によって行われているように、幕府勘定所が主導していた。工事個所は合計五ヶ所あり、そのうち、①三俣富永町、②寺島瓦町（寺島村と中之郷瓦町の間という意味か）は、幕府の「主役」▲（御勘定所樋橋棟梁のことか）が行った。残りの③本所尾上町《おのえちょう》（両国橋東詰め）、④本所松井町（竪《たて》川沿い）、⑤御船蔵前浚いの三ヶ所は、引請人岡田治助・藤田清右衛門が行った。方法としては、肝煎《きもいり》に

幕府が……　藤田覚『泰平のしくみ——江戸の行政と社会』（岩波書店、二〇一二年）。

土蔵を売却　解体して移築用に売るという意味である。

「主役」　『東京市史稿　市街篇』三〇（東京市、一九三三年）五九二頁。

丁場《ちょうば》（作業区画）を任せ掘り上げてから賃銭を渡す、肝煎は五十人の人足を雇用する、というものであった。

幕府目付坂部十郎右衛門（広高）は以下のようにこの工事の状況を報告している。▲坂部はこの工事の担当者である。▲なお坂部は『よしの冊子』では「西下《せいか》［定信］の隠密」と評される。

この浚渫工事が開始されるにあたっては、最近町方が困窮していることを幕府が察して、川浚いの必要がないのだけれども、理由もなく町人へ金銭を支給することもできないので「川浚賃銭」という名目で「御救」を下されるという風聞が流れた。そのため工事現場に出れば「過分之賃銭」がもらえるとの風聞が在方にも流れ、浚渫が始まると周辺農村からも江戸町人地からもおびただしく人足が出てきてしまったので、多くの人足は雇用されず、賃銭も少なかった。また、担当役人や人足が不慣れのため、作業区画の指定（「丁《ちょう》場割《ばわり》」）も遅れ、賃銭の支払いも夜に入るくらい遅く、よろしくない評判であったという。このため、すべて担当役人の責任であると誤解され、役人に悪口を浴びせ小屋場を打ちこわすとか担当役人を打ち殺すなどと言う者もいたという。しかし、寛政元年暮から翌二年初めになると、御救普請であると

幕府目付坂部十郎右衛門……　『東京市史稿　産業篇』三七（東京都公文書館、一九九三年）三七三頁。

坂部は……　前掲『東京市史稿　市街篇』三〇、五九三頁、前掲『よしの冊子』五二頁。

いう誤解も解け、担当役人も慣れてきて作業が順調に進むようになり、江戸の「其日暮シ之強キ商人」は土運びに出て、体の弱い者は商売をし、「軽キ者」の潤いになっていると風聞が立ち直っている。

この点は『よしの冊子』（六四―六五頁）にほぼ同様の記述がある。これによれば、佐久間甚八（茂之）の提案である「坪割」という担当区画の面積に基づいた賃銭支払基準が、その区画の土の硬軟によって賃銭が不平等になるため不評であったという。佐久間茂之は、この段階では勘定組頭であり、このあとすぐ寛政二年三月二十二日には勘定吟味役に昇進する。寛政改革における「牽引車的人物」の一人で、また松平定信の「気ニ入候物」の一人であるという。▲定信自身の意志で行われたこの工事の方法を提案するのにふさわしい人物であるが、工事現場では彼の提案が有効ではなかったらしいこともわかる。以上のように、救済のための工事といっても、実施方法によっては打ちこわしの危険も伴うものであったことがわかる。「御救い」の現場は緊張をはらむ場合もあったといえよう。

緊急避難場所の設置

隅田川浚渫事業のなかで三俣富永町を撤去するという施策は、洪水の際の緊急

佐久間茂之は……　前掲高澤憲治『松平定信政権と寛政改革』、一九九、二四四頁。

浚渫土運搬の利便性　霊雲院境内は土置場に使われた（『よしの冊子』）。

避難場所を設置するという施策を伴っていた。浚渫された廃土を用いて、小高い場所を築造したのである。それは「水塚」と呼ばれた。その場所は、隅田村木母寺《もくぼじ》・今戸町八幡社地・本所回向院《えこういん》・大徳院・深川霊雲院《れいうんいん》境内の五ヶ所である。

この五ヶ所はいずれも天明水害の浸水地域のなかにある。図4（15頁）を再び見ていただきたい。隅田村木母寺は隅田川沿い江戸北方三キロに、今戸町八幡社地は浅草に、本所回向院は両国橋東側、大徳院は回向院南隣、深川霊雲院境内は隅田川に面し小名木川の南側（三俣中洲の川向かい）にそれぞれ位置する。隅田川東岸沿いに四ヶ所、西岸に一ヶ所という配置は妥当なものと思われる。なぜなら、隅田川の堤防は西岸のほうが高く作られており、東岸に水を溢れさせることによって西岸を守る仕組みになっているという、土木技術が限られたなかでの合理的選択をしていたからである。本所回向院・大徳院・深川霊雲院境内の三つはやや近接した位置関係にあり、これは両国橋東広小路や新大橋東詰めといった繁華の地が考慮されているのかもしれない。あるいは浚渫土運搬の利便性▲という理由も考えられる。

「水塚」というと、水郷地帯の屋敷では、母屋が建っている土地よりも嵩上げした敷地を作りそれを「水塚」というのが一般的である。その上に「水屋」を建てて普段は倉庫として用い、洪水時の避難所として使うことが想定された。現在

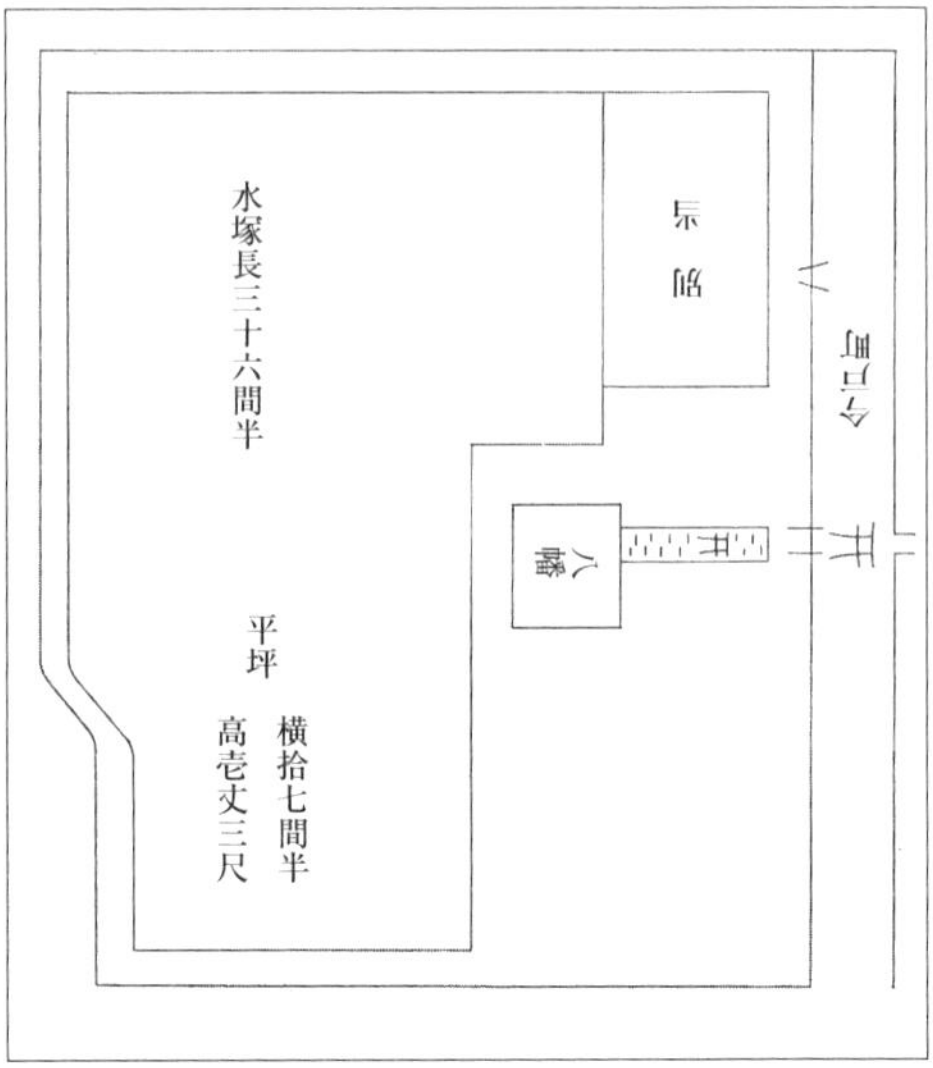

図9　今戸町八幡社地の水塚　『東京市史稿 産業篇』33巻374頁図をもとに作成

でも名称はさまざまだが、こうした施設は日本各地に現存している。▲

寛政期に設置された江戸の水塚は、そうした一般的な水塚とは異なり、人が洪水に溺れないために一時的に避難する場所として作られたと考えられる。

今戸町八幡社地の水塚については、絵図が『浅草寺日記』に残されており、規模が判明する。図9に見られるように、それは、長さ三十六間《けん》半（約六五・七メートル）、横幅七間半（約一三・五メートル）、高さ一丈三尺（約三・九メートル）である。この高さは軒の高さ以上の浸水とよく表現される天明水害の洪水でも水没しないことを意味する。また広さは約八八七平方メートルあり、現代日本における津波避難施設の目安は一平方メートルあたり一人▲という基準であるから、八百八十七人収容可能な規模を持つ。一時避難場所としての実用性は確かである。この水塚築造も、先に紹介した寛政二年正月二十二日付の水戸藩あて定信書付に「丁場を定メ水塚之場所も定り候へハ」と言及されており、定信自身がはっきりと認識していた対策であったことが確認できる。

したがって彼の有名な回想録である『宇下人言《うげのひとこと》』にも「あとから思い出してうれ

こうした施設は……　渡邉裕之・畔柳昭雄・河合孝・高橋裕『水屋・水塚——水防の知恵と住まい』（LIXIL Shuppan、二〇一六年）。

しいのは、私が行った施策のうちでも、深川本所の水塚、この社倉の米穀（町会所の備蓄米）、町々の火除地（防火帯）などである」と、寛政改革の主要な都市政策と並べて言及されている。▲

三俣富永町撤去の意味

田沼時代には、隅田川の部分的な浚渫をするが流路に土地を造成するという矛盾した施策が行われた。天明水害を経て、流路内に造成された土地が川の流れを阻害していると認識され、それは撤去されることとなった。さらにその浚渫された廃土で水害緊急避難場所を築くという減災対策も行われた。

これまで長々と述べてきた三俣中洲をめぐる経緯について、文政八年（一八二五）に滝沢馬琴は次のように述べている。▲

（三俣中洲と両国橋東詰め南側の）二ヶ所の出洲《でず》によって隅田川の幅が狭くなった。そのため、川上から流れ下る水の勢いが、これらの出洲のために遮られ、洪水の時にあたって水位が増えることは以前より三尺（約九〇センチメートル）以上になった。そのため隅田川の水が四方に溢れて、下谷・浅草はいうまでもなく、神田川の水が逆流して、牛込・小石川の果てまでもその害を受

一平方メートルあたり一人　『津波避難対策推進マニュアル検討会報告書』（消防庁国民保護・防災部防災課、二〇一三年三月）によれば「最低限1人当たり1㎡以上を確保することが望ましい」とされる（http://www.fdma.go.jp/neuter/about/shingi_kento/h24/tsunami_hinan/houkokusho/p02.pdf, 二〇一六年三月七日アクセス）。

彼の有名な……　『宇下人言・修行録』（岩波文庫、一九四二年）一五七頁。ただし、現代日本文として自然になるように大胆に意訳した。

文政八年……　滝沢馬琴「天明丙午大水丁未飢饉の記」（「曲亭雑記」、『馬琴研究資料集成』四所収、クレス出版、二〇〇七年）。

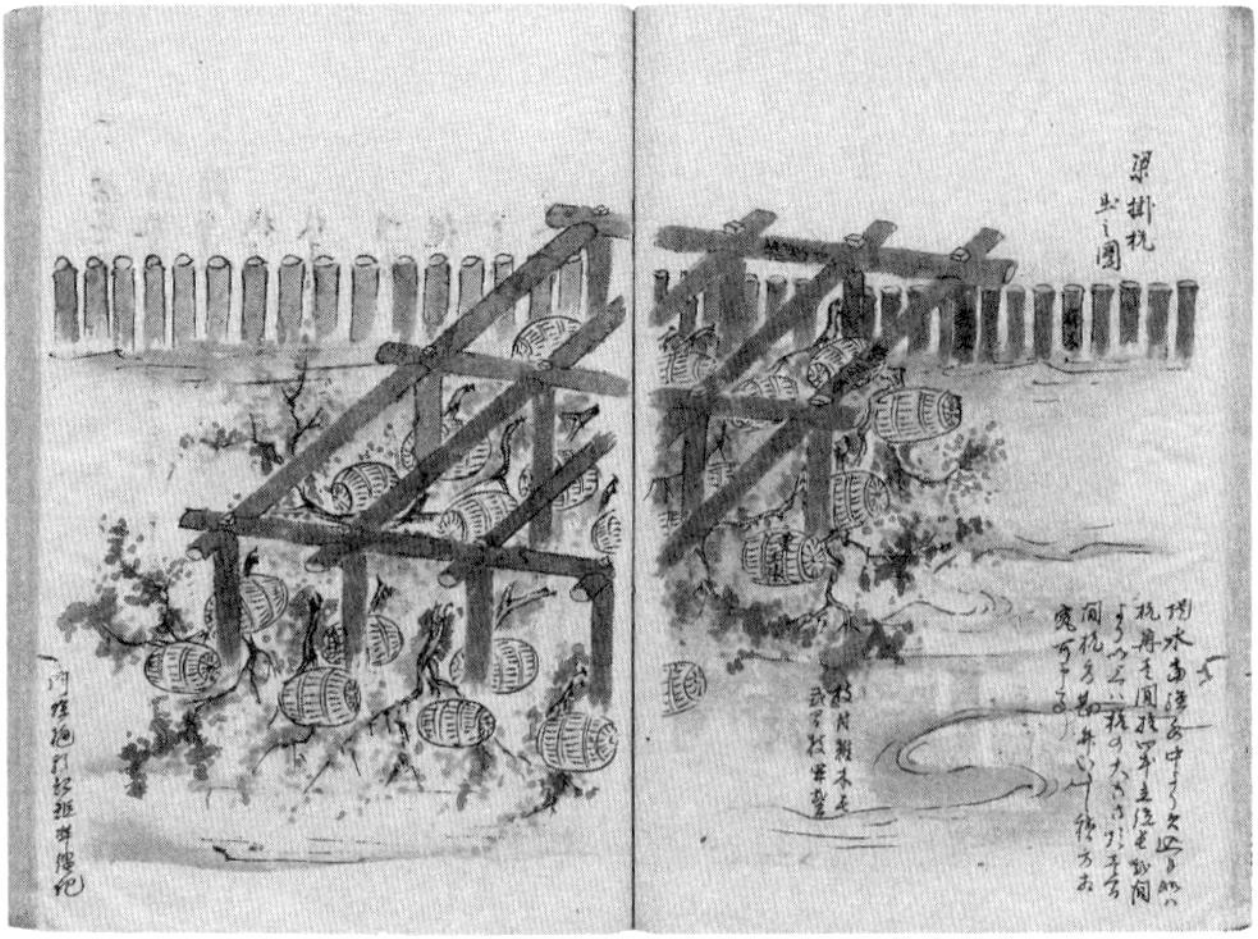

図10　「梁掛杭出之図」『治河要録』四　国立公文書館デジタルアーカイブズより

けると「水理」に詳しい人は言った。この理屈を幕府の人にも理解していただいたのであろうか、寛政の初めになって、両国橋東詰め西側の造成地を排して元のように川にした。また、三俣中洲造成地を掘り取って元のようにされた。

実に的確なまとめと言える。このように、水害が発生する水流のメカニズムについては同時代人もきちんとわかっていた。また、近世の人は、川の水流を観察し、記録し、一般化する能力を身につけていた。

それは、例えば近世の農書に見ることができる。有名な農書である『百姓伝記』には「防水集」というタイトルの部分がある。そこには、例えば「大きい川では、川の曲がっているところ、あるいは堤に水が強く当たるために掘れて堤が弱くなる」というように、水流の動きの理解も含めて治水工事の方法が記されている。また、幕末成立と推定されている『治河要録』という本では、水流を調節するための土俵《つちだわら》つきの杭や竹柵の設置方法について、図10のような挿絵つきで説明されている。

実はこのような近世の知識と技術は三俣中洲周辺でも用いられていた。三俣中洲の造成後に、三俣中洲造成地の西側の付け洲が大きくなり、それに対して対岸の清住町や仙台藩蔵屋敷の川岸が浸食されるようになった。15頁に出した図4の周辺図をご覧いただきたい。このあたりは、河口に向けて川がゆるやかに右に曲がっていく場所であるので、川の右手、つまりカーブの内側のほうが、水流が遅いため水中の土が堆積しやすい。それに対して左岸にある清住町や仙台藩蔵屋敷のほうは水流が強く岸が削られる。こうした原理は、現代日本なら小学校の理科で学ぶことである。箱庭を作ってそこに水を流すという実験をした記憶が筆者にはある。それはさておき、そのような場所の右岸に土地を造成したので、水流が左岸に押しやられてしまったのだろう。もしもそうであるとすれば、人間が隅田川という人為的自然に間違った介入をしてしまったために、自然（水流）の反応を引き起こし、それによって対岸が浸食されるという問題を引き起こしてしまったということになる。

こうした事態への人間の対応はどうであったか。一つには、左岸沿いに杭を多数打って左岸側の水流を弱めようとすることである。ここでいう杭は単に川底に打つのではなく、先に説明した『治河要録』の挿絵に見られるような土俵つきの杭であり、五百八十六本の丸太を用い、杭同士を縄でつなぐという大規模なものであったようだ。もう一つは、すぐ上流側に新大橋と、約一キロメートル下流にある永代橋の橋脚に竹簾《たけす》をつけて、水流を調節しようとするものである。左岸側の水流を弱めようというのであるから、おそらく、橋の左岸側の橋脚に竹簾が設置されたものと思われる。これにより、左岸側の流れが弱くなるだろうから、左岸が深く削られる現象が緩和されるだろう。同時に右岸側の水流が強くなるから、三俣中洲造成地西側の洲を押し流すと町奉行は予測している。

こうしてみると、江戸町奉行所のスタッフは、近世治水に関する典籍に書いてある知識を持っていたのではないかと推測される。それに基づいて、隅田川のなかの水の動きをきちんと観察して、当時の技術の範囲内で水の流れを制御しようとしていたということができる。現代ならば、こうした問題は、浅くなった川は工作機械で浚渫し、川岸が浸食されれば鉄筋コンクリートで固めるという、自然に対して強権的な対応をするだろう。そう考えると、江戸時代の人々は自然と対話しながら生活していたともいえる。一方では、江戸時代にはそうした技術がなかったからそのようにしていただけだという評価も可能である。どのように評価するかは現代のそれぞれの立場によって異なるであろうが、少なくとも言えることは、自然と人間は相互に影響し合う関係にある、ということである。それは、人間が自然を征服しようとする、あるいは逆に自然が人間に脅威を与えるというような対立的な関係として把握してしまうこととは異質な考え方である。そのように考えることが、地球温暖化の影響が明確になった現在としては重要だと思う次第である。

三俣中洲造成地の設置と撤去の経過をこれまで見てきた。隅田川という人為的自然に対して間違った介入をしたために、洪水は激化した。その点は寛保水害後に大規模な浚渫計画が立てられていたことからすると、また近世の治水の知識水準からすれば、その恐れがあることは十分に認識できていたと思われる。にもかかわらず、当時の社会の仕組みに規定された経済的な理由によって、あるいは田沼政治という利益優先政策のなかで、川のなかに土地が造成されてしまう。現代日本では、災害に遭いやすい場所がある程度わかっていても、そこに宅地が開発されてしまうということが全国各地で起きている。そのような現象の原形が、どうやら江戸時代にはすでに存在していたということが見えてきたのではないだろうか。

二▼高潮被災地の「復興」
――深川洲崎のクリアランス

寛政三年の高潮

寛政三年（一七九一）八月六日夜と九月四日朝の二度にわたり、江戸湾沿岸は高潮に襲われた。行徳《ぎょうとく》から羽田にかけて死者数は九十九名であった。特に隅田川河口に浮かぶ佃島《つくだじま》の物的な被害がひどく、家作流失二十七軒、吹き潰れ十五軒、大破十一軒、小破十六軒、合計六十九軒に被害があり、矩形《くけい》の島の四辺の石垣が過半は崩れたという。地震津波に匹敵する高潮の破壊力を示している。人的な被害が最も甚大であったのは深川洲崎《すさき》である。ここは江戸湾に南面しており、高潮の直撃を受けたのではないだろうか。なかでも吉祥寺門前と久右衛門町一丁目・二丁目は建物がすべて倒壊した模様である。そのうえ、死者二十二名、行方不明者二名という痛ましい犠牲者を出した。戸主のような成人男性は死亡していないのに、高齢者・女性・子供が多く亡くなったと推定される。また、家守《やもり》（管理人）を同じくする戸主の家族が多く死亡していることからは、同じ長屋から多くの犠牲者を出したことが推測される。そして推測を重ねれば、その場所は洲崎のなかでも海に近い側だったのではないだろうか。こうしたことは、吉祥寺門前町の月行事《がちぎょうじ》▲伊右衛門が町奉行所に提出した死亡報告書が筆写されていたため判明した。伊右衛門自身も被災者であり、しかも母を失っていた。同じ町内の人の死亡報告書を書くこともそうであるが、母の死亡報告書も業務とはいえ書かなければならなかった心情は察してあまりある。

　九月四日の状況は深川のほぼ全域で床上《ゆかうえ》まで潮が押し上げたというものであり、海岸線（洲崎）から内陸二キロメートルを超えるところまで潮は到達したということだから、まさに現在の気象用語でいう高潮であった。

　大きな台風が来るたびにテレビの台風情報のなかで解説されることではあるが、気象用語としての高潮は、高波とは違う。台風の強風による吹き寄せ効果と、気圧低下による吸い上げ効果が相乗して海面自体が上昇し、海水が陸地に乗り上げて来る現象である。メキシコ湾やベンガル湾のように南に向いた湾で発生しやすいという。▲江戸湾も高潮が起きやすい形になっている。これが江戸に与えられた自然条件であった。したがって、近代になっても東京は高潮の激しい被害を何度も受けた。それに加えて一九三〇年代からは江東地区の地盤沈下が始まっていたから、ますます高潮被害を受けやすくなった。一九七〇年代の工業用水整備によ

月行事　名主が居住していない町で名主の代わりに末端行政業務を行う役職者のこと。

気象用語としての……　山下隆男「台風と高潮」（京都大学防災研究所編『防災学講座一　風水害論』、山海堂、二〇〇三年）。

り地盤沈下は止まったけれども、地盤は沈下したまま現在に至っている。

二つの復興案

建屋がほとんど流失し多数の死者を出した深川洲崎は、そのあとどのようになったのか。

同年九月十七日、つまり二度目の高潮の十三日後には、早くも老中松平定信の方針が明確に打ち出されていた。彼が町奉行初鹿野信興に直接渡した文書▲には、このように書かれていた。

> 洲崎の海苔干場には以前は建屋があまりなかったが、近来は高潮がなかったので建屋が多くなり、今回の高潮で人が多く傷《いた》んだ。このことを当分は人々は知っているだろうが、後年には忘れてしまい、人家が多くなったころに高潮に遭って傷むことになるのではないか。（中略）したがって、人家が建たないうちに空き地にするべきだ。たとえ空き地に一、二軒残ったとしても、これ以後高潮などで怪我をするかもしれない。そのため、幕府から手当を支給して転居させる方針で、三俣富永町の例に準じて検討して上申せよ。

町奉行初鹿野信興に……　旧幕府引継文書「市中取締書留」一一九（国立国会図書館デジタルコレクション）コマ19。

願書▲　『東京市史稿　港湾篇』二（東京市、一九二五年）一八八頁。

このように幕府は、同じような高潮被害が発生することを防ぐため、深川洲崎を空き地にする方針を被災後すぐに固めていたのである。そしてその具体的な方法として前節で述べた三俣中洲造成地の撤去と同様に行うことまで指示されていた。

しかし、地域住民は全く正反対のことを考えていた。深川洲崎が高潮の被害を受けてから約二ヶ月後の寛政三年（一七九一）十一月に、深川洲崎海手通りの町々およびその近辺の町々合計三十四ヶ町は、深川吉祥寺門前月行事伊右衛門ほか二十四名を惣代として、堤防修復願書を提出した。願書は「海岸沿いの石垣と土手を先年のとおりに幕府の費用で修復してほしい」というのが主旨である。「先年のとおり」というのは、元禄十二年（一六九九）に深川南岸の海岸線沿いに建設された長さ千五百間（約二七〇〇メートル、図4参照）の石垣堤防を元どおりに、という意味である。ところが、その後メインテナンスが不十分であり、その約九十年後には石垣が相当に崩れてしまい、洲崎にあった有名な升屋《ますや》という料理屋の庭から直接波打ち際に出ることができるような状態になっていたという。それを元のような石垣つきの堤防にしてほしいという願書である。

堤防修復の理由について願書▲はこのように語る。

> 堤防が現在のままでは吉祥寺門前と久右衛門町には家作できません。たとえ

家作したとしても人々は危ぶんで借家する者はいないでしょう。そうすると海岸沿いの町々は衰微し、地主たちは町役▲を勤めることができず難儀します。そこに家作が建たなければ、そのすぐ陸側にある木場《きば》町・入船町も海際と同じになって高潮の際に難儀することは明らかです。そうなると地続きの深川町々はいうまでもなく、本所あたりまでも高潮が押し上がり難儀するでしょう。

このように二ヶ月前の被災の記憶が生々しい時期に書かれたため、非常にリアリティーのある内容になっている。

この時点で、深川洲崎にはすでに人が住みはじめていた。二十五世帯がこの願書の時点で居住していたと思われる。この地域の人々は以前から住んでいたこの土地を復興しようとしていた。そのためにこの願書は提出されたのである。

町年寄の提案と幕府での協議

町奉行所に提出された願書に対しては、その内容に応じて関係者に意見聴取を行うという手続きが江戸時代には確立していた。▲深川洲崎は町人地であったので、その仕組みにしたがって、町人全体を代表する町年寄《まちどしより》に対して町奉行所は意見を

町役　江戸時代の都市の町人地では、家持町人（土地所有者）は地子（年貢）が免除される代わりに労役を勤める義務を負うという原理があった。労役は比較的早くから金納化されていたと見られる。

町奉行所に……　前掲藤田覚『泰平のしくみ』。

求めた。寛政四年（一七九二）十二月に町年寄は意見を述べた。町年寄は、堤防を元どおりに修築するのであればそれに必要な土砂の運搬費用が問題となると指摘した。その解決策として二つ提示する。一つ目は久右衛門町の町家を取り払い、土を採取するという方法である。もう一つは、久右衛門町の水路沿いの土や川を浚渫した際の廃土を利用するというものである。彼は両方を採用すればよいという。注意しなければならない点は、町年寄は激甚被災地の住民の願書を受けて、あくまでも堤防修復の目的を実現する手段として町家の取り払いを提案したという点である。町人の代表者である立場からして当然の意見と言えるだろう。

しかし、幕府が同じように考えていなかったことは前に述べたとおりである。それを受けて、定信の老中退任の二年後のこととなるが、寛政六年六月に町奉行小田切直年はクリアランス（空き地化）の範囲および住民の立ち退き条件について提案した。それは、久右衛門町一丁目と二丁目、それに隣接する入船町の一部を空き地とすることが適切であり、その買い上げ費用（地代金）は五百四十九両（一億六千四百七十万円▲）である、という内容であった。これに対して勘定奉行はそのさらに西側の入船町の一部も空き地にすることを提案した。

しかし、老中は地代金が多額になることを問題とし、減額を命じた。再評議の結果、勘定奉行が追加しようとした土地に関しては床下浸水であったという理由

▲一億……一両＝三十万円と仮定して計算。

でクリアランスの対象外とすることになった。この点は微地形に照らしても理解できる。深川は西側のほうが標高がわずかに高い。そのほか吉祥寺門前については洲崎弁天神社の土台を嵩上げして再建する予定なのでそこが避難場所になるし、橋も近いので避難可能と判断されて、ここもクリアランスの対象外となった。この結果、必要とされる地代金は五百二十四両（一億五千七百二十万円）余に減額された。この経過からは老中の費用節減志向が明白である。また、これらの協議経過のなかで、堤防修復のことが全く出てこない点にも注目しておきたい。

以上の協議過程を経て、同年（寛政六）十二月に深川洲崎を空き地にする、すなわちクリアランスが正式決定される。その主な内容は、一つには地主には代地を与える代わりに地代金を支給する、二つ目に住民には移転料を支給する、三つ目には名主の収入減に対して補償する、四つめは空き地が居住禁止である旨の石碑（「石傍示《いしぼうじ》」）を建てる、というものである。

結果として、最初の三十四ヶ町からの願書の主旨である堤防修復は認められず、未来の高潮被害を減らすために住民を強制移転させることになった。この判断は妥当なのであろうか。その後の経過を追いながら考えていきたい。

クリアランスの実態

久右衛門町名主…… 江戸の名主は一人で数ヶ町から十数ヶ町の個別町を管轄（「支配」）することが通例であった。

二万…… 一両＝六十匁＝三十万円と仮定して計算。

まず、移転地域の名主には生業が補償された。江戸の名主は世襲で専業であり、自分で商売をしていなかったので、久右衛門町が消滅するということはその名主はその分の仕事と給料を失うということを意味する。久右衛門町名主久右衛門は久右衛門町一丁目・二丁目以外に三十三間堂町ほか二ヶ所も管轄していたから、クリアランスによってすべての仕事を失ったわけではなかった。しかし、主要には久右衛門町であったから、そのまま放置されたら名主としての家を維持することはできない。そのため、寛政七年二月に深川入船町の一部ほか五ヶ所の支配を新たに命じられた。そのほか「御手当金」九両が寛政六年十二月に久右衛門に支給されていた。

そのほか、深川平野町名主甚四郎は平野町ほか十八ヶ町を支配していたが、入船町の一部（久右衛門町町続《まちつづき》入船町）が空き地となったため三両の御手当金が支給された。同様に、深川佐賀町名主藤右衛門も佐賀町代地が空き地となったため三両が支給された。このように名主に対しては手厚い補償がなされた。

次に地主にかんしては、代地を与えなかったので先述のとおり土地の提供は有償であった。ただし、その価格は元禄時代の開発当初、すなわち百年前のものであった。一坪あたり五匁五分五厘である。現在価格だと二万七千七百五十円をイメージすればよい。元禄期に堤防が築かれ干拓された土地を町人が買い取った価

町入用　役負担の代金も含めた地縁団体の共益費の意味。したがって町入用を払いつづけているということは、高潮被害のためその土地を利用することができなくなったにもかかわらず、家持町人身分としての義務を果たしつづけているということを意味している。

格である。

町奉行も買い上げ価格が実勢価格の半額以下であることは知っていた。しかし、実勢価格は建屋がある状態の価格であるとし、この時点では更地になっているのだから実勢価格とはしないということである。一方、地主は町入用を被災後も支払いつづけているのだから、買い上げ価格を元値段よりも引き下げないとしている。現代風に大胆にわかりやすくいうと、地主は税金を払っているからその点は考慮するという意味になろうか。現代感覚としては納得できるものではないが、この二つの理由から、百年前の買い上げ値段を地代金として支給するというのである。そもそも代地を与えるのが原則であって、その代わりに土地を買い上げるという枠組みのため、実勢価格にはならない。しかし、地主の側から見れば、元値段では別の場所に同じ条件の土地を買うことは不可能だから、その経営にこのクリアランスは大きな影響を与えたものと思われる。特に、深川洲崎にしか土地を持っていなかった地主には大きな打撃であったのではないだろうか。

三番目に、高潮被災後に空き地予定地に住宅を再建して居住していた者に対しては、引っ越し費用が支給された。その金額は、そこに居住している地主、それに借家人ともに銀七匁五分であった。この金額は現在の価格にすると三万七千五百円が目安となる。現代日本とは異なって、住宅再建に対する公的援助は全くなく、また高潮被災後に自主的に他に転居した者に対しては公的援助が全くなかった。現代日本でも阪神・淡路大震災後の一九九八年にできた被災者生活再建支援法以前は被災者には完全な自助努力が求められていたのだから、江戸時代では当然の対応と言える。また、この方法は先の定信の指示のなかにもあったように、第一章で取り上げた三俣富永町の撤去と同じものである。施策としての共通性を見ることができる。

住民が移転したあと、翌寛政七年（一七九五）五月に石碑（「石傍示」）の建設が行われた。この石碑には次のような言葉が刻まれていた。

葛飾郡永代浦明地《あきち》　この場所は寛政三年の波荒れの時に、家が流れ多くの人が死んだ。こののち、高潮が来ることは予知できず、流死の被害がないということはできない。そのため、西は入船町を限り、東は吉祥寺門前に至るまで、凡《およ》そ長さ千二百八十五間余りの場所の住宅を取り払い、空き地（「明地」）にしたものである。

このようにしてクリアランスは確定した。この碑文だけ読むと、高潮被害の危険があるので住むことを禁止し空き地としたという妥当な対応を幕府は取ったよう

現代日本でも……　一九七三年に制定された「災害弔慰金の支給等に関する法律」に定められている「災害援護資金」は貸付である（津久井進『大災害と法』、岩波新書、二〇一二年）。

この石碑には……　『東京市史稿　変災篇』二（東京市、一九一五年）五四五頁前の拓本写真。

に見えてしまう。しかし、必ずしもそうではないことを確かめるために、堤防修復のほうがどうなったのかこれから見ていきたい。

石碑が建てられたのと同じ年である寛政七年二月には、町年寄は町奉行に対して「久右衛門町などの四ヶ町を取り払った跡は、土手と崩れた石垣ともに幕府が修復する計画を、町奉行が老中に対して伺うことになっているのですね」と念押しした。町人代表として、最初の願書の主旨である堤防修復について町奉行所の注意を喚起しているといえるだろう。

この町年寄の要望を受けて、同年五月に町奉行は具体的な堤防修復工事の伺《うかがい》書《がき》を提出する。そこでは、「激甚被災地を空き地にしたので堤防を幕府の費用で修復することは無益のようにも見える。しかし、修復しなくては堤防を維持することはできず、修復しなかった場所から高潮が押し上げてくるので、幕府の費用で修復することを仰せ付けることになると思います」と記されている。そのうえで、堤防修復の長さは五百七十間（約一〇二六メートル）、費用は二千五百両（約七千五百万円）とする詳細な仕様書が添付された。洲崎の東西の長さは千二百八十五間あるからその半分以下を修復するという計画である。

ただし、この工事は実施されなかったようだ。その代わり、享和元年（一八〇一）になってから空き地のなかに土手が新たに築造された。▲同年七月に作成され

ただし……　この点は拙稿「災害復興をめぐる近世都市政策と地域社会」（『歴史評論』七九七号、二〇一六年）以後に新たな史料を発見したので拙稿の内容を訂正する。

深川洲崎地所一件　旧幕府引継文書「地所調」十巻［七］、コマ7。

渋江長伯　江戸時代後期の本草家。多くの薬園を経営した。

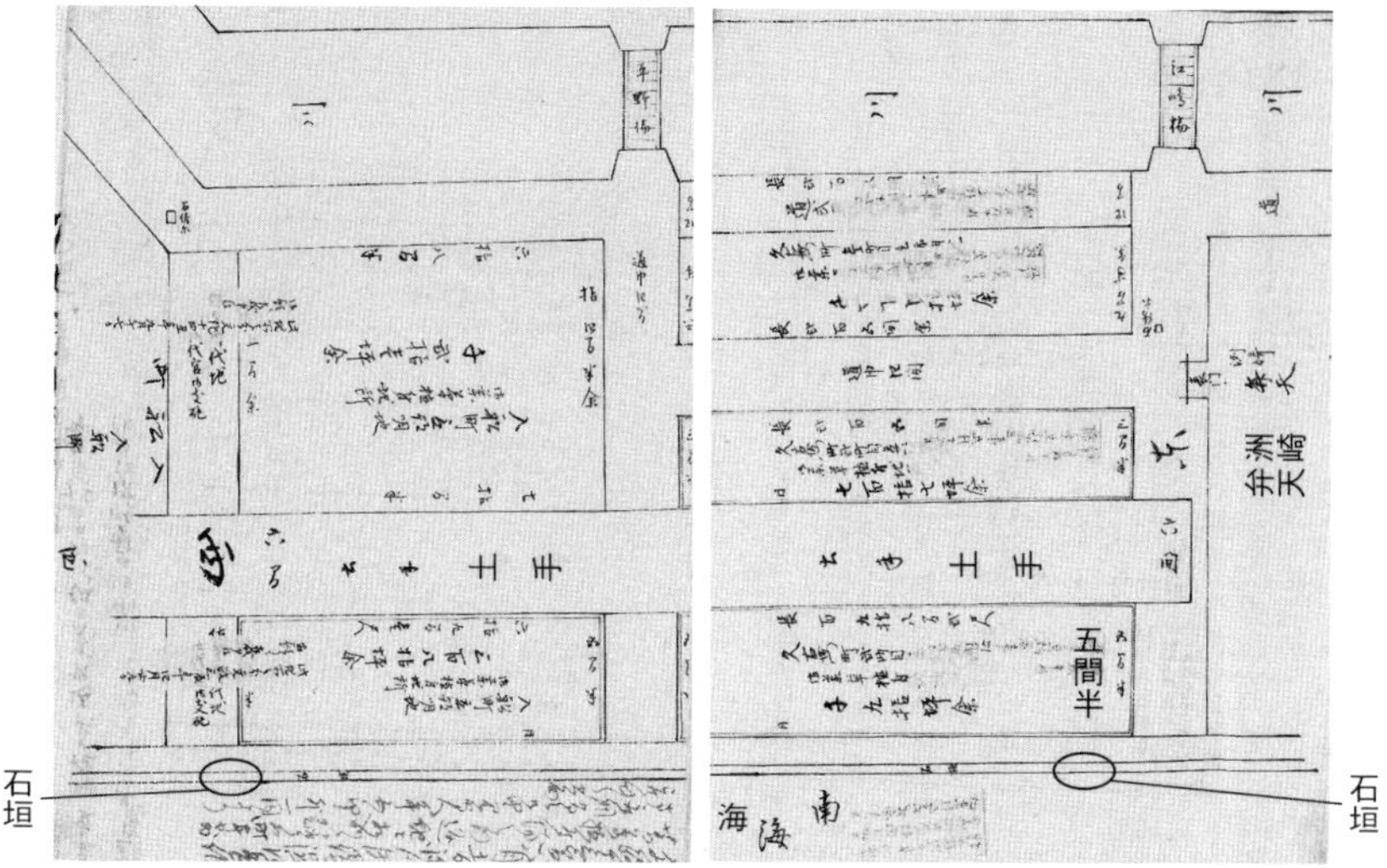

図11　「深川洲崎明地平面図」（「地所調」10巻より）に一部記入

た工事見積書では、高さ二間（約三・六メートル）、馬踏（堤防上端幅）二間、長さ二百八十間（約五〇四メートル）となっている。石垣堤防の修復の長さからさらに半減している。

　私は当初この土手は海際に築造されたと思い込んでいた。しかし、その後、旧幕府引継文書（主として江戸町奉行所文書）のなかに「地所調」という十巻のシリーズがあって、そのなかに「深川洲崎地所一件」という分厚い簿冊が二冊あることに気づいた。そこには、寛政七年の洲崎クリアランス後のこの土地利用に関する文書が膨大に筆写されていた。読みはじめてみると冒頭に、渋江長伯がこの土地を御薬園として利用し、利用が終わって土地を返却する際に作成された文書があった。そのなかにこの空き地の詳細な絵図が存在した。それが図11である。これによれば、土手は海際の石垣から五間半（約九・九メートル）離れたところに築造されていることが明確である。したがって、海際の石垣つき堤防は全く修復されず、その代わりという判断なのであろうか、短い土手が築造されたことが判明する。

　これまで述べてきたように、最初は、最も被害がひどかった地区の住民たちが、そこに住みつづけることを希望し、二十五世帯は現実に住みはじめ、三十四ヶ町という地縁団体の大きな連合体として堤防修復を幕府に願っていたのである。それが高潮対応の施策にかける予算を極力減らそうという観点から、問題の焦点が堤防修復からクリアランスに移動してしまったのである。激甚被災地を空き地にするという松平定信の判断はある意味では正しい。また、この結果は幕府が強権を発動したわけではない。三十四ヶ町の願書提出を受け、町奉行は町人代表である町年寄から意見を聴取し、勘定奉行の意見も入れて、老中に上申した。関係者の意見を聴取していくという江戸時代の民政の手続きをきちんと踏んで決定・実施された施策である。にもかかわらず、当初の住民の意向が実現されることはなかった。このような現象は、社会学では「経路依存」というようである。手続きが至当なものであっても妥当な結論には至らないという意味である。▲まさに同様のことが江戸時代に起きている。

このことの意味については後に述べたい。

その後の深川洲崎

クリアランスされたあと、この土地はどのようになっていったのであろうか。

もともと、この地は江戸のなかの名所の一つであった。享保十七年（一七三二）

このような現象は……　小熊英二・赤坂憲雄編『ゴーストタウンから死者は出ない——東北復興の経路依存』（人文書院、二〇一五年）。

地誌　前掲『江戸砂子』。

タウン情報本　『続江戸砂子温故名跡志』（国文学研究資料館、閲覧記号ヤ6-6-1）。

この店は……　山東京山『蜘蛛の糸巻』（『日本随筆大成』第二期七、吉川弘文館、一九七四年）三一五頁。

図12　安藤広重「洲崎雪之初日」　天保２年『東都名所』より
ボストン美術館

の地誌には「佳景の地」として紹介されている。図12はこの時点から百年のち、天保二年（一八三一）のものであるが、雪の積もった朝に太陽が海から昇る景観が美しく描かれており、この場所が大変景色のよい場所であったことが理解できる。また、享保二十年（一七三五）のタウン情報本によれば、年中行事のジャンルでは三月三日の潮干狩りの名所として紹介され、食べ物のジャンルでは、神社の門前町の有名な蕎麦屋と貝が紹介されている。さらに、ここには五代将軍徳川綱吉の生母桂昌院が関係しているという由緒を持つ弁財天があり、参詣の対象となっていた。

天明期（一七八〇年代）には、升屋祝阿弥という著名な高級料理屋が営業するような場になっていた。この店は広壮な座敷と庭園および豪華な料理が有名で、松江藩主松平不昧《ふまい》父子といった教養ある大名たちの交流の場、あるいは諸藩の代表者（留守居）たちの会合の場としても利用された。

このように、洲崎は、海の眺望、神社、門前町の蕎麦屋、潮干狩り、貝の産地、著名な高級料理屋という六つの名所要素を持っていたことがわかる。

一方、ここは、名所であることとは無関係に、江戸の縁辺部（場

図13　安藤広重「洲崎弁才天境内全図」『江戸名所百景』（天保14年）より

末）における住民生活の場でもあった。すぐ北隣には木場《きば》（大きな貯木場）があって多数の人夫がそこで働いていた。本所・深川の一般的な職業としては漁師や魚の振り売り、それに船乗りなどがある。あるいは牡《か》蠣《き》の身を取る仕事もあった。中身は食用に、貝殻は蛎殻灰《かきがらばい》という建築資材となった。こうした多様な生業をめぐる社会関係の末端に連なりつつ低家賃を求める人々が居住していたものと思われる。富裕とは決していえない人々が住む長屋も多数あったであろう。

これらは高潮によってすべて破壊された。しかし、名所要素のうち最も基本的な海の眺望は変わらなかったので、神社は仮設で再建され、門前の茶屋や蕎麦屋も数年内には営業を再開した模様である。例えば、小林一茶は、享和三年八月二十九日（一八〇三年十月十四日）の晴の日に洲崎弁天神社に参詣し、このような俳句を詠んでいる。▲

やや寒き後《うしろ》に遠しつくば山

洲崎空き地の土手の上から江戸湾を眺望し、振り返って筑波山を眺めたものと思われる。

小林一茶は……　「享和句帳」（信濃毎日新聞社編『一茶全集』二、一九七九年）一一二頁。

この頃の様子を天保三年（一八三二）の安藤広重による浮世絵に見てみたい。図13に見られるように、緑の草原が広がっている。この部分にはかつて町屋が立ち並んでいた。左手前に洲崎弁天神社があり、境内の茶屋と小さな門前町も復興していることがわかる。この浮世絵では土手が海沿いにあるように描かれている。しかし前に述べたようにこの土手は海岸線から一〇メートルほど離れていた。したがってこの絵は写実ではない。そうすると立派に復興しているように見える神社と門前町の景観もここまで小綺麗ではなかったと思ったほうがよい▲。

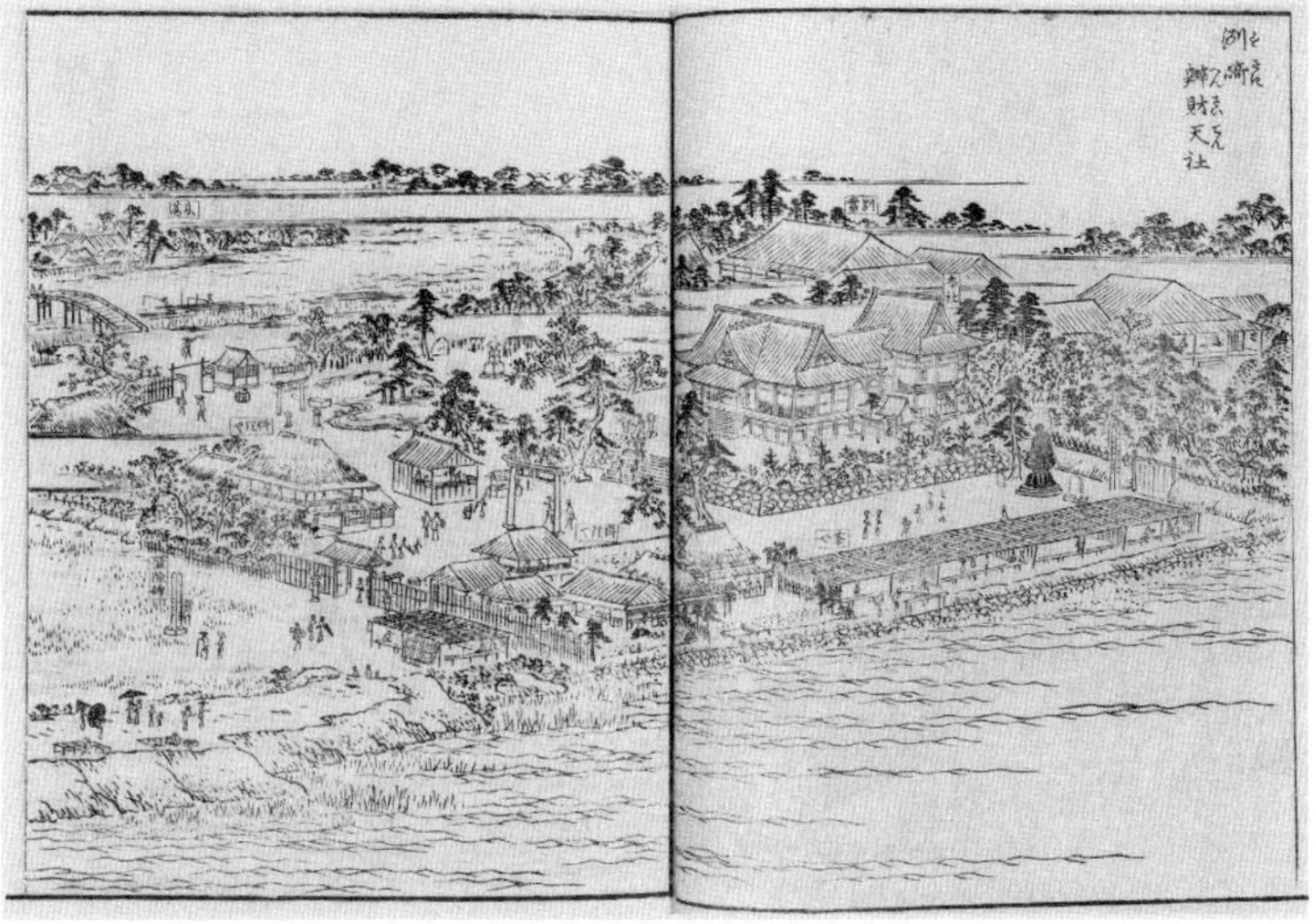

図14　洲崎弁財天社　『江戸名所図会』（天保5～7年）より

次の図14は、『江戸名所図会』からのものである。神社と門前町のみを逆方向から描いたものである。神社が石垣で一段高くした土台の上に立っていることがよくわかる。これは土地を嵩上げして再建したことを表しており、将来の高潮の際の緊急避難場所が意図されていた。なお、この図もまた土手が海際にあるように描かれており、実態とは異なる。また、木戸の左右に存在する門前町の建物は年代差が五年と近接しているにもかかわらず先の図13と相当に異なる。『江戸名所図会』の挿図に

図15　安藤広重「洲崎弁天の祠 海上汐干狩」『江戸名所』より　ボストン美術館

関しては、構図上の都合から実態とは異なる景観が描かれる場合があることは千葉正樹氏がすでに指摘しているところである。▲先の浮世絵も含めて、絵師の側の描写上の工夫の現れなのであろう。

次に、弘化三年（一八四六）の安藤広重による別の浮世絵を見てみよう。図15に見られるように、土手下の空き地に屋台二軒・路上販売二軒と客が二十四人描かれている。空き地を観光客が利用していることから、空き地という名所要素の付加もあって復興がなされているという位置づけも可能である。

次の図16は、嘉永五年（一八五二）前後に刊行された。江戸の著名な料亭を背景として、それぞれの料亭の場所や名前にちなんだ役者を描いた浮世絵のシリーズ▲のなかの一枚である。洲崎に武蔵屋という高級料理屋があったことがわかる。これは洲崎弁天神社境内のなかの海際の西側にあったことがわかるので、▲『江戸名所図会』の図でいえば手前の二階屋が武蔵屋に該当することになる。

以上のように、洲崎は、門前町が非常に小さくなったことを除いては、被災以前の名所要素はすべて復活し、さらに空き地という名所要素が新たに付加されたこともあいまって、名所として「復興」を遂げ、高級料理屋が出店するまでに至った。しかし、それはかつてそこに住んでいた人々がそこに住みつづけることができなくなったという代償を伴っていたことは重要であろう。日常の生活空間としての性格が大きく減少したということである。

洲崎を追い出された人々の行方を知る手がかりは全くない。最も人数が多かっ

図16　安藤広重・歌川豊国「洲崎風景・武蔵屋・弁慶」『東都高名会席尽』より　国会図書館

立派に……　大久保純一『広重と浮世絵風景画』（東京大学出版会、二〇〇七年）では、「浮世絵系の図像の方が現実を離れて美化の操作が加えられている」と指摘する（二五三頁）。

『江戸名所図会』の……　千葉正樹『江戸名所図会の世界――近世巨大都市の自画像』（吉川弘文館、二〇〇一年）。

江戸の……　大久保純一「江戸高名会亭尽――歌川広重画」（『浮世絵芸術』一五六号、二〇〇八年）。

これは……　旧幕府引継文書「洲崎一件」三、コマ24の平面図。

た長屋に部屋を借りて住んでいた多くの人々は、より安い家賃の場所を求めて、江戸の周縁部に転居していったものと推測される。このように推測するのは、以下のような事例があるからである。茅場《かやば》町で建物を借りて酒屋を営業していた弥右衛門は、第一章で述べた天明六年（一七八六）大水害で商売品と家財を失い、翌年小梅町代地（墨田区錦糸公園）へ転居したのち、すぐに吉田町（墨田区大橋川親水公園の南）へ転居した。商売は零細化し妻は奉公に出た。その後、天明八年とその翌年の大火で再び家財と店舗を失い、本所松坂町二丁目（回向院西）に転居し味噌の振り売り商人となった。この事例は孝行した人を顕彰する本（『孝義録』）に出てくる話であり、すべて事実かどうかは怪しいが、参考にはなる。

安政東日本台風

さて、松平定信によって方向性が示された、高潮激甚被災地を空き地にするという施策は、次の高潮の際に効果があったのであろうか。それを試す機会は安政三年（一八五六）八月二十五日に訪れた。台風は浜松（静岡県浜松市）付近に上陸し、北北東方向に進んだ。▲江戸は台風の東側にあたる。台風の右側は危険半円というように、台風それ自体の風速に台風の進行速度も加わって左側よりも強い風が吹く。それにより多数の家屋が倒壊したから、現在の気象庁の基準を仮にその

台風は……　平野淳平・財城真寿美「一八五六年東日本台風経路の復元」（前掲渡辺、デービス編著）。

それにより……　「風の強さと吹き方」（気象庁ホームページ、https://www.jma.go.jp/jma/kishou/know/yougo_hp/kazehyo.pdf、二〇一九年九月一四日アクセス）。江戸時代末頃の建物が現在よりも丈夫かどうかは微妙な問題であろう。おそらく江戸時代のほうが現在よりも階層差が激しいのではないか。また、前年の安政大地震の影響も考慮に入れなければならない。

最近……　矢田俊文「1855年安政江戸地震と1856年安政台風の被害数――武蔵葛西領・武蔵多摩地域・武蔵川崎領」（『資料学研究』一五号、新潟大学、二〇一八年）。

関東取締出役 関東地方の治安維持のために文化二年（一八〇五）に設置された幕府の役職。通称八州廻り。幕府直轄領・旗本領・大名領・寺社領の区分を超えて警察活動を行った。

ままあてはめれば風速四〇メートル以上ということになる。▲風は江戸では東風から南風に変わっていった。江戸湾は南に向いているから、南から強風が吹くと高潮が発生する条件が整うことになる。この台風の東海地方から江戸にかけての被害については、『安政風聞集』に詳しい。著者はのちに仮名垣魯文《かながきろぶん》と名乗る金屯《きんとん》道人である。それにも、またいくつかの聞き書きやかわら版にも書いてあるところだが、高潮で多数の船が打ち上げられ、そのなかには新造間もない洋式帆船も含まれていた。また、永代橋は高潮で押し上げられた船が衝突して大きく損壊した。築地本願寺の本堂が屋根の形を残したまま倒壊した、各所で火災が発生し、暴風に煽られて燃え広がった、といったことが知られている。

この台風に関しては、従来「安政江戸台風」と呼ばれていた。『安政風聞集』やかわら版からは江戸の被害が甚大であった印象を持つからであろう。しかし、最近矢田俊文氏は、江戸西部の多摩地域、南側の川崎地域、さらに江戸の北東側の在地史料を用いて、江戸以上の被害の広がりを指摘し、「江戸台風」という呼称に疑問を呈している。▲ただし、被害の広がりはもっと広域であったようである。関東取締出役▲の集計によれば、水戸藩領を除く常陸国の家屋損壊比率が図17のように小田原藩な

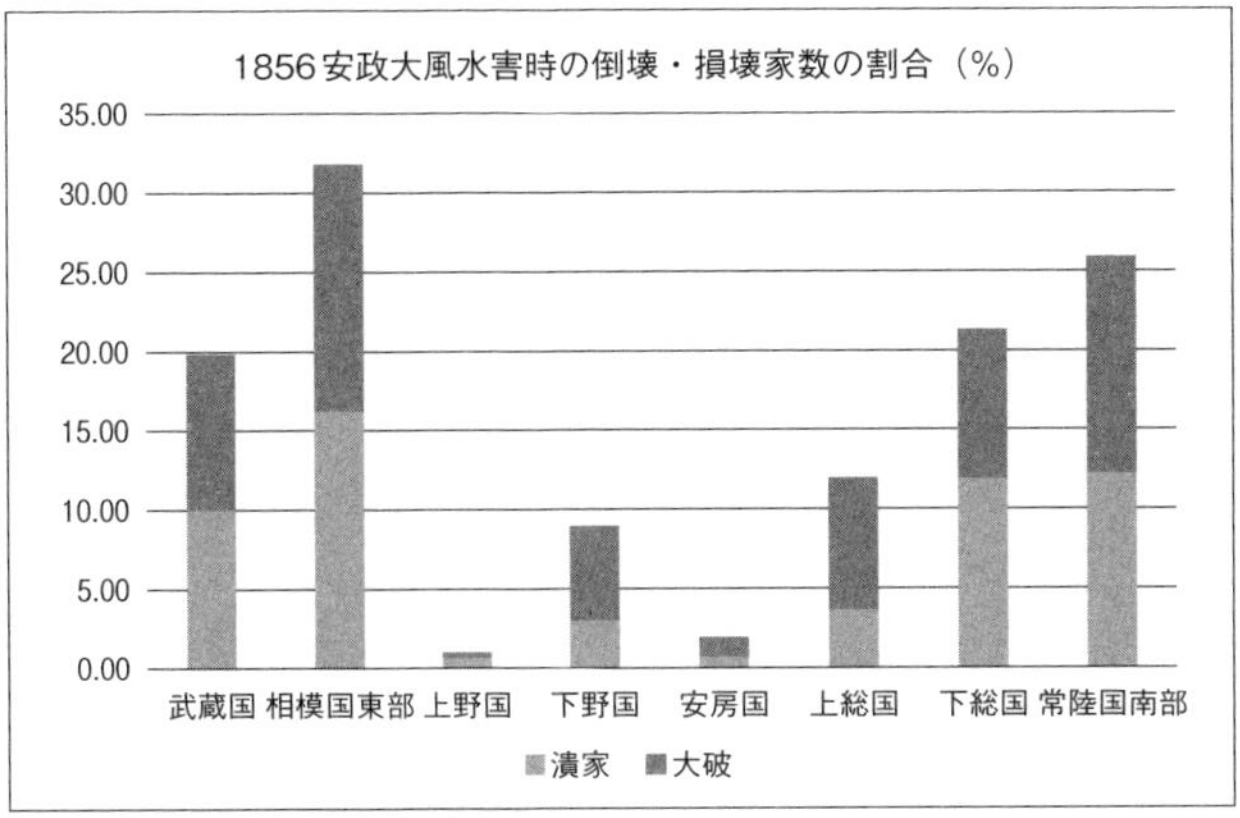

図17　関東地方の建物損壊率

どを除く相模国に次いで高い。また、水戸藩から幕府への被害報告書によれば、城下町町人地家屋の「丸潰れ」が百三十五軒、「半潰れ」が六百二十一軒、農村部の家屋の「丸潰れ」が三千八百一軒、「半潰れ」が二千九百二十二軒などと、被害状況が詳細に判明する。江戸町人地の「潰れ」と「半潰れ」の合計が約一万軒であったことと比較すると、江戸町人地の家屋数のほうが水戸藩の全家屋数よりもはるかに大きかったと思われるので、建物損壊率は水戸藩のほうが大きかった可能性がある。

さらに、棚倉藩から幕府への被害報告書では、「潰家」四百六十一、「大破」三百三十五といった数字が挙げられている。東北地方南部でも暴風であった可能性がある。さらにその北方の相馬藩でも五万二千石余という大きな損毛高が幕府に報告されている。被害状況からすれば水戸も棚倉も台風右側の危険半円に入った可能性が高く、そうであるとすれば台風進路に沿って被害が分布していると理解できる。一方、信州の千曲川でも上田付近は「常水より壱丈三尺増し」と、平常より三・九メートルも増水した。洪水が起きた可能性がある。越後国でも長岡藩の損毛高が一万八千九百七十石、高田藩の損毛高が一万九千百三十五石と大きな被害が出ている。

こうしてみると、この台風は、安政東日本台風とも呼ぶべき広域的な被害をも

たらしており、死者は少ないものの、寛保二年（一七四二）に匹敵する百年に一度の大風水害であった可能性がある。▲

この台風は……　以上詳しくは、渡辺浩一「一八五六年東日本台風の被害様相と江戸の対応」（前掲『近世都市の常態と非常態』）。

このような強大な台風のなかで、深川洲崎は再び高潮に襲われた。

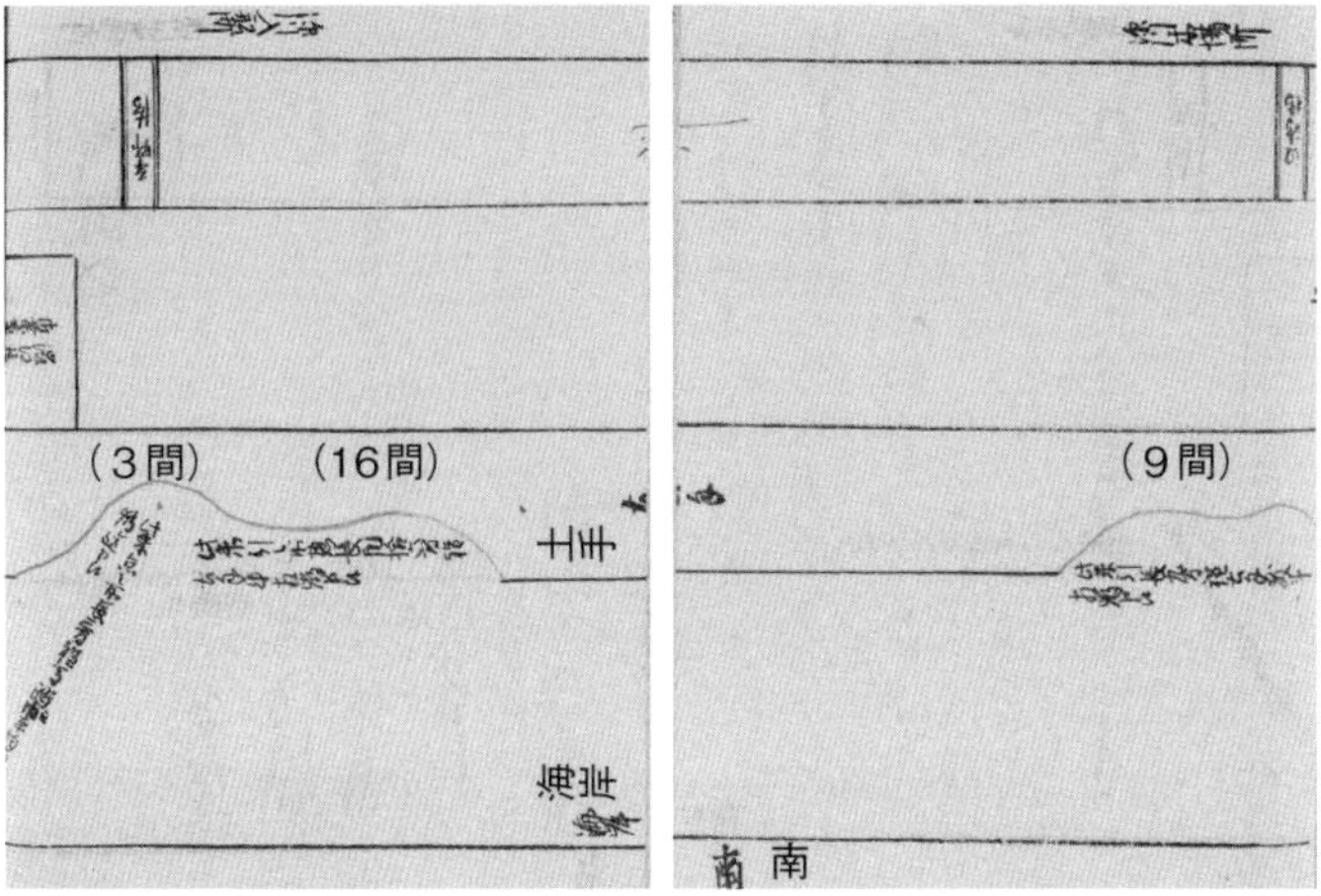

図18　安政３年台風による洲崎土手の損壊状況　「洲崎一件」（旧幕府引継文書）に一部記入

空き地の減災効果の検証

図18は、この時の高潮で損壊した洲崎空き地の土手の被害状況である。三ヶ所で土手の海側が浸食された。その幅は右から九間（一六・二メートル）、十六間（二八・八メートル）、三間（五・四メートル）であった。図の左端では土手の半分以上が削り取られている。この激しい損壊状況からすれば、高潮がこの土手の高さをかなり越えたことは確かである。

洲崎は空き地になっていて人が住んでいなかったので死者は出なかった。この限りでは減災の効果が挙がっているといえるだろう。

しかし、洲崎のすぐ北側は高潮の被害を受けたようだ。この台風被害を伝える記録類からは、深川地域は高潮の被害を受けたと推定できる。また、深川地区の町人地の被害は、「潰家」千四百五軒、「半潰」八百五十二軒と、江戸の町人地のなかでも最も大きい被害を受けた。高潮が来ない内陸部は暴風のみが原因の建物損壊であるから損壊数が少なく、暴風に加えて高潮の被害も受けた地域は損壊数が大きくなるという傾向が見られた。死者数も深川地域の町人地では十三人と町人地の他の地域と比べて最も多い。▲

この台風被害を……　以上の江戸町方の被害状況についても、前掲拙稿参照。

寛政三年（一七九一）の被災地町人からの願書では「空き地を作った場合、高潮が起きたらそのすぐ内陸側の町々が直接高潮の被害に遭うことになってしまう」と予想していた。それが的中してしまったともいえるかもしれない。しかし、一方では、大きく損壊したとはいえ、空き地に築かれた土手によって高潮が減殺されて、深川地区の被害が先の数字の程度で済んだという理解も可能であろう。今利用できる史料の限りでは、寛政三年高潮後の対応が、どの程度減災の効果があったかという評価はきわめて難しいといわなければならない。

何が問題なのか

私たちは、深川洲崎というきわめてローカルな場所の高潮をめぐる歴史を見てきた。十七世紀の末に深川地域を高潮から守るために千五百間の石垣付き堤防を幕府は築いた。しかし、その後のメインテナンスは不十分であり、一七九一年に高潮によって二十三人死亡という大きな人的被害を出した。地域住民は幕府による堤防修復を望んだにもかかわらず、それは実現せず、幕府は激甚被災地から住民を追い出して空き地とし、そこに短い土手を築いた。定信は最初からクリアランスを構想し、幕府の判断としては財政問題との関係から十分な支出を渋り、対策は不十分なものにとどまった。

この経過から私たちが学ぶことができるのは何か。

災害対策ができたはずなのに実現しなかったということは、日本人があるいは人類が長年繰り返してきたことだったのではないか、ということである。この繰り返しを断ち切るために、私たちの社会はどのような仕組みを作ればよいのか、ということを真剣に考えなければならない。重く大きな課題が私たちの前にはある。

一つには合意形成の問題がある。東日本大震災のあと、過酷な津波被害に遭った地域では巨大な堤防が築造されることになったところが多かった。これも人命を守るという意味では正しい判断である。しかし、巨大堤防は断面の底辺が非常に長くなるために活用できる土地が減ってしまううえ、背後の東日本大震災の浸水地は盛り土・嵩上げの対応がない限りは建築が制限されるという。▲この点は深川洲崎の石垣堤防を修復せずに空き地を設け、建家を禁止するという寛政改革の水害対策に類似する点がある。防災対策を優先するあまり、肝心の住民の希望を

巨大堤防は…… 山下祐介『「復興」が奪う地域の未来——東日本大震災・原発事故の検証と提言』（岩波書店、二〇一七年）。

十分に汲み取ることができないのである。このような政策と地域住民との関係という問題は江戸時代にもすでに起きていたことがわかる。科学技術は飛躍的に「進歩」した。しかし、社会をよりよく運営していくという実際的な仕組みはどれだけ前進したのであろうか。

　確かに現在の日本では、議会制民主主義が機能し、有権者が議員選出を通じて政策を選択することが可能である。また、議会という回路以外でも、住民説明会など地域住民の意思を汲み取る多様な回路が設定されている。それでも「復興」にはさまざまな問題が発生し、「復興」による二次被害の指摘まで存在する。▲それぞれの歴史的段階で、民意が政策に反映される回路がどのように存在し、機能していた／していなかったのかを追究することには大きな意味があるだろう。

　もう一つには、災害からの復興とは何かという問題がある。特に、津波被災地の海岸線に巨大堤防を築くことの是非については多様な意見がある。景観が大きく変わってしまう、海とともに生きる人々が日常生活のなかで海との関係が断ち切られてしまうといった問題も指摘されていた。巨大堤防を築くよりも、海とのかかわりのなかで生活することも重視して、低めの二重堤防を作るという住民側の提案も存在した。しかしそれは実現しなかったところもある。▲ただし、一方では、復興について住民だけで意思決定してしまい、人が集まる場を作るなど「今

「復興」には……　塩崎賢明『復興〈災害〉』（岩波新書、二〇一四年）。

景観が……　竹沢尚三郎『被災後を生きる――吉里吉里・大槌・釜石奮闘記』（中央公論新社、二〇一三年）、越澤明『大災害と復旧・復興計画』（岩波書店、二〇一二年）。

一方では…… 関谷雄一・高倉浩樹編『震災復興の公共人類学——福島原発事故被災者と津波被災者との協働』（東京大学出版会、二〇一九年）。

後を見据えた工夫」が足りなかったという思いを抱く人もいる。▲

以上のような大きな課題に対しては、歴史的なアプローチも重要である。災害対策にしても復興にしても、それぞれの時代の制約のなかで行われる。江戸時代にはその時代特有の制約があるように、現在も特有の制約がある。その違いをきちんと明らかにし認識していくことが大切であろう。

三▼災害記録の管理と対策マニュアルの策定

洪水を記録する

二〇一九年三月三日の朝日新聞朝刊は、東日本大震災八年を前に、一面トップに「被災の記録 残らぬ恐れ」という見出しを掲げ、震災関連公文書が多くの被災自治体で廃棄されていると報じた。

この点は本書で主として述べている寛政改革の時点ではどうであったのであろうか。江戸の水害の記録としては、国立国会図書館に東京都が永久寄託している旧幕府引継文書（主として町奉行所文書）のなかに「出水一件」という百二十冊に及ぶ大部なシリーズが現存している。江戸の享保五年（一七二〇）から弘化三年（一八四六）までの百二十六年間の水害記録である。このシリーズは寛保二年（一七四二）の大水害後に編集されはじめた。

本所・深川地域には、この地区を担当する町奉行所の与力・同心という武士身分の役人（本所見廻り）がおり、そのもとに本所道役《みちやく》という▲中間的身分の者が二

中間的身分　武士と町人の間の中間的身分という意味。朝尾直弘「十八世紀の社会変動と身分的中間層」（初出一九九七年、『朝尾直弘著作集七 身分制社会論』、岩波書店、二〇〇四年）。

人いた。彼らはこの地区の道路・橋・堀川の維持管理を職掌としていた。そのうちの一人である家城善兵衛は、寛保水害の前の大水害である宝永元年（一七〇四）の洪水の時点ですでに過去の災害記録を持っており、その時にはそれを町奉行に見せて救助船や施行（炊き出し）のことを上申した。それを踏まえて、寛保水害の際には町奉行所で記録を作成し保存していたようであり、それをさらに二人の本所道役が筆写するようになった。すなわち、十八世紀半ば以降は、南北町奉行所と二人の本所道役のところに水害記録が系統的に残されるようになった可能性がある。▲

このように書くと、現代日本よりも江戸のほうが災害記録をきちんと作成・管理していたようにも受け止められてしまうかもしれない。しかし、この「出水一件」は「出水」が洪水を意味しているために、高潮被害についてはほとんど記録されないという限界がある。高潮については「洲崎一件」というシリーズがあって、その場所が度々高潮の被害を受けたのでその記録も多数含まれることになる。先に引用したように、「地所調」という大部なシリーズのなかにも深川の高潮被害については記録されていた。また、「言上帳」《ごんじょうちょう》という町方全体の町人からの多様な願書を書き留めておく帳簿のこれまた大部なシリーズのなかに高潮の被害報告書が記されていたことが間接的に判明する例もある。▲

十八世紀半ば以降は……　拙稿「水害記録と対策マニュアルの形成」（『国文学研究資料館紀要アーカイブズ研究篇』九号、二〇一三年）。

「言上帳」という……　「変災温故録」（東北大学図書館狩野文庫）。

いずれにせよ、寛政改革の時点では、いくつかのシリーズのなかに水害記録が残される仕組みができあがっていた。水害が起きた際には、そうした記録を参照しながら事態に対応していた。

洪水対策マニュアル

以上のような積み重ねの結果として、災害対策マニュアルの策定が行われた。これが寛政改革における四つ目の江戸の水害対策である。

寛政四年（一七九二）六月に老中松平定信は水害対処について取り調べて上申するようにという指示を出した。その結果、次に紹介するような総合的な災害対処マニュアルが提案された。前文と八ヶ条から成る。

まず、前文の部分では、水害への対応は、享保・寛保・宝暦、それに天明六年の水害時の対応を見計らいながら行ってきた、そこで炊き出し、町々からの救助船の徴発、川船統制者である鶴房次郎が供出する救助船などについてあらかじめ定めて置くとよい、火災の場合は「御定」があるので対処が行き届くということもあり、水害の場合にも「取り極め」を行う、と述べる。本文をわかりやすく整理すれば以下のとおりになる。

① 本所方の与力・同心が川の水位を計測し、町奉行に報告する。増水が著し

い場合には、与力・同心と本所道役が両国橋の番所に詰める。

② 鯨船を出動させ、水防道具を用いて、橋番請負人と「役船之者共」に人足を出させる。この体制のもと、橋の上に重石を載せるなど、橋の破損と倒壊を防ぐ。夜中には提灯を出す。そのほか、流下物を防ぐために状況を見計って町人足を三ヶ所に詰めさせ、同心をそこに配置して指揮をとらせる。

③ 「大水」の可能性が高まった場合には町奉行が出動する。鶴房次郎（川船統制者）と船持にはあらかじめ申し渡しておき、救助船の用意をし、差図次第で両国橋に船数を揃えて出動させる。

④ 町奉行が出動する以前にあっては、町方船徴発に関して状況により本所方与力にその権限を付与する。

⑤ 手すきの与力・同心は浸水地域を巡見する。

⑥ 建築資材や船賃の高値禁止の町触を発令する。

⑦ 吉川町（両国橋西詰め）に御救小屋を設置するほか、炊き出しおよび与力・同心が差配する小屋も設置する。

⑧ 炊き出しは米の調達も含めて堺町・葺屋町《ふきや》（芝居町）の茶屋に命じる。そこで握り飯を大量に作り、両国橋西詰めに運び、そこから本所・深川方面へは飲料水とともに船で一日に一度被災者に配布する。

⑨　その際に与力・同心は、炊き出し、船の手配、握り飯の分配の三つの担当に分かれる。

⑩　水が引いたら炊き出しを終了し、極貧者への御救米を支給する。その期間は三十日とする。

①については、このマニュアル策定以前から行われてきたことである。もっとも隅田川の水位に関しては寛保水害の際の水位は間《けん》単位の記録しかないが、天明水害の水位記録は寸単位である。おそらく寛保水害の時は目分量で水位を表現し、その後いつかは不明だが水位標のようなものが設置され、寸単位の水位が計測できるようになったものと思われる。こののちの弘化三年（一八四六）水害の時には両国橋だけでなく、永代橋と新大橋の水位も記録されているから、水位標が天明水害後にこの二つの橋にも設置されたのだろう。これにより隅田川の水位がより客観的に把握できるようになった。水害対応の技術的な進展である。

幕府が隅田川の水位に関心を示すのは、洪水時に橋を通行止めにするかどうかの判断をするためである。橋が通れなくなると、洪水時は渡し船も使えないから、本所・深川地域と隅田川以西の江戸の間は交通が途絶する。幕臣は登城できないから「水休み」となり、おそらく江戸内の物流も数日間途絶えただろう。巨大都市は一時的に機能停止状態となる。隅田川にかかる橋は、現在の私たちの想像以上に重要な都市インフラであった。

また、水位が高くなってくると、両国橋の西詰めの番所に江戸町奉行所の与力と同心、それに本所道役が詰めることが規定されている。これも天明水害時にはすでに確認されるところである。いわば現地対策本部の設置である。ここから、川の水位の変化や橋の損壊状況などが多い時には一日に六回も町奉行に報告され、それはそのまま江戸城内にいる老中に報告されるとともに、町奉行は橋の通行停止などの措置も老中に報告するのである。

②は、橋を防衛する手順である。この点に関しては、寛保二年水害後の延享元年（一七四四）に両国橋に限定された橋の防衛マニュアルが詳細に定められていた。その骨子を一般化した内容になっている。このなかで鯨船については25頁ですでに説明した。

橋番請負人というのは、橋の警備を請け負う業者のことである。そのほかに橋番所の新規普請と修復や両国橋を火災や増水から守ることも業務の一環であった。隅田川が増水した時には綱引き人足百六十人を出すことになっていた。こうした仕事の見返りとして両国橋広小路の仮設店舗の場所代を徴収する権利を得ていた。「役船の者ども」とは、深川海辺大工町近辺に散在する艀下宿仲間《はしけやど》▲のメンバーのことである。彼らも両国橋が架けられた時から橋を火災・増水から守ることに関

艀下宿仲間　江戸川・荒川を下ってきた川船の荷物を江戸市中に運ぶための艀船の組合。

与した。その見返りとして広小路で何らかの権益を保障されたと見られている。さらに、このマニュアルには記されていないが、水防役という者もおり、自分の配下の人足五十人に、橋番請負人と艀下宿仲間から供出された人足を加えて、橋の防衛を同心のもとで指揮した。

③の町奉行の出動に関しては、寛保水害の時には両国橋が架け替え工事中であったため新大橋に、天明水害の時には主として両国橋に何度も出動していたので、そうした先例を踏まえてマニュアルに規定されたのだろう。天明水害時には町奉行は新大橋の西詰めで現場を見聞したその足で登城し、老中に水害状況を報告したこともあった。

また、救助船を出動させる準備のことが書かれている。このなかで鶴房次郎とは、享保五年(一七二〇)の川船奉行の廃止に伴い、川船統制者として任命された鶴武左衛門の子孫で、この時点で川船統制を担っていた「川船改役」と思われる。この条項の意味は、鶴氏が勘定奉行支配であったため、正式には町奉行が直接船の動員を要請することができないという縦割り行政の欠点への対処と考えられる。寛保二年水害の際には「勘定奉行から指示があってから動き出したのでは遅くなってしまうので、先に連絡する」と非常時であることを理由に町奉行と鶴が直接連絡をとりあって水害に対処し、勘定奉行には事後承諾で済ませた、とい

橋番請負人…… この段落はすべて、吉田伸之『身分的周縁と社会＝文化構造』(部落問題研究所、二〇〇三年)第十二章「両国」による。

鶴武左衛門 川名登『河岸に生きる人々——利根川水運の社会史』(平凡社、一九八二年)。

寛保二年水害の……　旧幕府引継文書「出水一件」七。

当分火附盗賊改　治安維持のために警察的機能を持った時期限定の特別な役職。勘定奉行配下。

町方役船　ここでは、深川漁師町などが水害時に義務付けられた救助船のことを指す。

このことについて……　旧幕府引継文書「享保撰要類集　出水之部」上四。

うことがあった。また、同じ水害の際、当分火附盗賊改久松忠次郎が被災地で盗難が多発したことへの対処として出動しようとした際、鶴が調達するはずの船が約束の日時に来なかったため町奉行は町方役船を出すことになった。このことについて町奉行は「町方役船による救助船は両国橋際で商売をしている冥加《みょうが》として出されているものであり、当分火附盗賊改役の仕事はそれとは別個のことであるから、川船を管轄する鶴氏が徴発した船を差し出すべきだと考えます」と老中松平乗邑《のりさと》に上申し、これはその日のうちに勘定奉行に伝達された。町奉行自身が当分火附盗賊改が使う船に町方役船を動員するのは筋違いであると考え、それを老中に表明していることがわかる。こうした問題の発生を防ぐために③のことがあらかじめ取り決められようとしていたのであろう。

④は町奉行が承認していなくても、現場の判断で救助船を町方から徴発することができることを規定したものである。寛保水害や天明水害では事後承諾という形をとっていたが、そのことが明記されたということである。

⑥は大災害後の町触の定番の一つである。明暦三年（一六五七）の大火後以来、大火や水害・地震の後には必ずこの町触が出されてきた。それもここに盛り込まれた。

⑦⑧⑨は御救小屋の設置と炊き出しに関する事項である。両方ともに寛永飢饉

ですでに確認される。▲炊き出しそれ自体は近世以前から連綿としてあったことだろう。一六五七年の明暦大火の時には大名が炊き出しを行っている。▲これは幕府に対する軍役の一部と考えられる。すでに町奉行は存在したが、のちの時代のように町奉行所が炊き出しを行う段階にまだ至っていなかった。延宝九年（天和元年、一六八一）の飢饉の際には町奉行に施行《せぎょう》を命じているから、▲この頃までには大名に命じるのではなく、町奉行所が被災者救済に組織的に取り組むようになっていたのではないだろうか。その頃から町奉行所は大災害の際には御救小屋を設置し、炊き出しを行うことが通例であったかに思われる。それがここで水害限定ではあるが定式化されている。

⑩町奉行所が炊き出しを行う理由は、洪水になった場合には竈《かまど》が水に浸かって煮炊きができなくなるからである。したがって、水が引いて竈が使えるようになれば、被災者のなかで困窮している者が多くても、不特定多数を対象とした炊き出しは打ち切られることになる。そして、困窮者を特定する御救米に施策が移行するのである。こうした大水害後の経過も寛保水害と天明水害では詳細に確認することができる。この点も定式化された。

　以上のように、江戸時代初期以来、度重なる災害のなかで蓄積されてきた経験がここにまとめられたということができる。

両方ともに……　『東京市史稿　救済篇』一（東京市、一九二一年）七九頁。藤田覚「寛永飢饉と幕政」（初出一九八二年、同著『近世史料論の世界』、校倉書房、二〇一二年）。

一六五七年の……　「柳営日次記」明暦三年正月二十日条（雄松堂マイクロフィルム）。

延宝九年……　前掲『東京市史稿　救済篇』一、一七九頁。

マニュアル策定の意味

そのなかでも特に、官僚組織の系統を横断して対処しなければならない点に関して改善が図られている点は注目される。救助船一つとっても、町奉行が徴発する町方役船と、勘定奉行配下の川船統括者である鶴氏が徴発する川船との関係、あるいは町奉行と勘定奉行配下の治安維持担当者との関係、この二つの関係についてはかつての大水害で問題が起きていた。それがこの総合的洪水対策マニュアルで解決が図られようとしている。

現代社会における縦割り行政の問題の原形がここに見られる。例えば、大災害に対して自衛隊が出動するには、まず基礎自治体から都道府県知事に連絡があり、都道府県知事からの要請が政府になければできないことが、阪神・淡路大震災の時に自衛隊の救援が遅くなる原因となった。その後この問題は制度的解決が見られ、東日本大震災の際には迅速な自衛隊の救援が実現した。こうした切実な問題はひとつひとつ丁寧に是正していくしかないのであるが、それと同様のことが身分制の枠組みのなかでの官僚制的組織▲でも現象していたのである。

官僚制的組織　官僚制というと、近現代国家特有の組織を想起させるが、江戸時代でも、例えば勘定奉行のもとに勘定所役人が多数いて執務を行っていたように、武士身分にゆるやかに限定された官僚制的組織が形成され行政が行われていた。

おわりに

本書では、江戸という都市空間それ自体を人為的自然ととらえ、そこに人間がさらに介入し、さらにまた暴風雨や高潮といった人間とは無関係に生起する自然現象が加わることによって、どのような現象が起きるのか、ということを見てきた。自然と人間という二項対立的な関係ではなく、人為的自然・自然現象・人間の三者の関係を考えてきたということである。

三俣中洲では、一七四二年の水害後に洪水激化の原因を正しく把握しながら、川のなかに土地を造成するという真逆《まぎゃく》の開発が行われた。それに対して一七八六年の大水後にはその新しい土地を撤去するという「適切」な施策が水害対策として行われた。このような紆余曲折が起きなければならない構造がある。それは、巨大都市化した江戸がつねに潜在的に抱えていた営業地不足という問題である。この構造的問題の打開策の一つが、減災対策を一時的にせよ犠牲にしたのであった。

深川洲崎では、長大な石垣堤防に守られてきたはずの開発された土地という人為的自然を、高潮という自然現象が一七九一年に襲った。これに対する人間の対応は二つに分かれた。一つは激甚被災地を中心とした海沿いの町々の人々のそれであり、彼らは石垣堤防を修復してそこに住みつづけることを望んだ。もう一つは幕府の対応であり、将来高潮が起きても死者が出ないように激甚被災地を空き地として居住を禁止することであった。特定の施策に関する合意形成のプロセスのなかで民意を反映させるという現在でも未解決の課題が江戸時代にすでに出てきていることがわかった。また、復興とはどこの誰にとっての復興なのかという、いわば「復興」の多義性も江戸時代において見ることができた。

災害記録と防災マニュアルの問題は、人為的自然の上で活動する人間が行う、自然災害への日常的な対応の一つである。そこでは、官僚制的組織のなかでの縦割り行政の問題が、これまたすでに江戸時代に現れていたことがわかった。

このように見てきた時、江戸時代の人々は自然災害を上手に受け流していたといった認識は非常に一面的であることがわかる。そのような認識のみでは、歴史から何事かを学ぶことはできないのではないだろうか。また、そのような認識は、現在と過去を対立させ、過去を理想化しているだけとも言えるのである。第一章で紹介した近世農書に見られる川の流れをめぐる「先人の知恵」は確かに優れたものである。しかし、実際にはつねにその知恵が生かされるとは限らなかった。なぜ、そうなってしまうのかをそれぞれの時代について丁寧に考えていくことが、今こそ求められているのである。

あとがき

本書は、大規模学術フロンティア事業「日本語の歴史的典籍の国際共同研究ネットワーク構築計画」（略称：歴史的典籍NW事業）のなかの異分野融合研究「歴史資料を活用した減災・気候変動適応に向けた新たな研究分野の創成」（代表田村誠、茨城大学地球変動適応科学研究機関との共同研究）における研究成果の一部である。

この本を書きながら考えていたことは、歴史研究というのは現代社会にどのような意味があるのだろうか、ということである。そのため、江戸時代のことを書く合間に、いくつかの点で同様のことが現代日本ではどうなっているのかという点まで少し叙述してみた。結果として、過去と現在をさかんに往復することになった。現代のことに関しては専門外であるため、誤りもあるかもしれない。それでも敢えて現代について書いてみたのは、東日本大震災後の私的な体験のためである。

二〇一一年の夏から二〇一三年にかけて、私は何ヶ所かの津波被災地で資料保全活動に参加した。そのなかで、岩手県釜石市でコンクリートの巨大堤防が崩壊している姿を見て、自然の脅威に大きな衝撃を受けた。また、二〇一一年夏から翌年にかけて石巻市文化センターでの資料保全活動に参加していた。それも終了した二〇一三年夏に石巻の日和山《ひよりやま》から門脇町・南浜町あたりを見下ろしたことがある。そこは、津波の被害を受けてほとんど住宅がなくなっていた更地が草に覆われて緑色になっており、図13の洲崎空き地と重なって見えた。この場所は復興祈念公園が建設中である。

以上のような体験もあったので、本書ではなんとか近世史研究を現代とつなげようと努力してみた。しかし、読者の方々が現代の問題を考えるための参考を提出するにとどまっている。歴史学はそのように禁欲的であるべきなのかもしれない。あるいはそこを突破するべきなのかもしれない。そうしたより大きな問題も含めて、今後も考えていきたいと思う。

なお、本書は以下の三つの論文に基づいて一般読者向けに書き下ろしたものである。そのため、史料的根拠の注記は、原則として省略した。細かな根拠はもとの論文を参照していただきたい。ただし、もとの論文に書かれていないことの根拠、および史料の現代語訳を引用した部分については頭注を付した。

「水害記録と対策マニュアルの形成」（『国文学研究資料館紀要――アーカイブズ篇』九号、二〇一三年）

「災害復興をめぐる近世都市政策と地域社会――寛政期における江戸深川洲崎の高潮被害」(『歴史評論』七九七号、二〇一六年)
「江戸水害と都市インフラ――三俣中洲富永町の造成と撤去」(『日本歴史』八三〇号、二〇一七年)

それぞれの論文公表後に新たな関連史料の存在に気づき変更した点はいくつかある。また、掲載誌の字数制限のために割愛した部分も入れた。そのため、三俣中洲と洲崎に関する最新の私の認識については、もとの論文とともに本書も参照していただきたいと思う。

掲載図版一覧

図１　関東地方の水系の変化　陣内秀信・高村雅彦編『水都学』Ⅲ（法政大学出版局、2015年）より。一部記入

図２　江戸の形成　『都市史図集』（東京大学出版会、1993年）より。一部記入

図３　寛保２年台風コースの復元　町田尚久「寛保２年災害をもたらした台風の進路と天候の復元」（『地学雑誌』123(3)、2014年）より

図４　三俣中洲周辺の関係地図　渡辺浩一「江戸水害と都市インフラ――三俣中洲富永町の造成と撤去」（『日本歴史』830号、2017年）より。一部記入

図５　歌川豊春「江戸深川新大橋中須之図」 ボストン美術館　William Sturgis Bigelow Collection 11.14714　Photograph © 2019 Museum of Fine Arts, Boston. All rights reserved. c/o DNPartcom

図６　「浜町入堀北側之内屋鋪々幷道式共」『御府内沿革図書』第一篇下（東京市役所、1940年）より。一部記入

図７　歌川豊春「浮絵 和国景夕中洲新地納涼之図」 太田記念美術館

図８　1786年８月の天気分布　「歴史天候データベース」より

図９　今戸町八幡社地の水塚　『東京市史稿 産業篇』33巻（東京都、1989年）374頁図をもとに作成

図10　「梁掛杭出之図」（土俵付きの杭を組み合わせた制水装置）『治河要録』四（国立公文書館デジタルアーカイブズ）より

図11　「深川洲崎明地平面図」「地所調」10巻（旧幕府引継文書、国会図書館デジタルコレクション）より

図12　「洲崎雪之初日」 安藤広重『東都名所』（天保２年） ボストン美術館　William S. and John T. Spaulding Collection 21.5240　Photograph © 2019 Museum of Fine Arts, Boston. All rights reserved. c/o DNPartcom

図13　「州崎弁才天境内全図」 安藤広重『江戸名所百景』（国会図書館デジタルコレクション）

図14　「洲崎弁財天社」 斎藤月岑・長谷川雪旦『江戸名所図会』（新日本古典籍総合データベース）

図15　「洲崎弁天の祠 海上汐干狩」 安藤広重『江戸名所』 ボストン美術館　Museum of Fine Arts, Boston—Worcester Art Museum exchange, made possible through the Special Korean Pottery Fund, Museum purchase with funds donated by contribution, and Smithsonian Institution—Chinese Expedition, 1923–24,　54.409　Photograph © 2019 Museum of Fine Arts, Boston. All rights reserved. c/o DNPartcom

図16　「洲崎風景・武蔵屋・弁慶」 安藤広重・歌川豊国『東都高名会席尽』（国会図書館デジタルコレクション）

図17　関東地方の建物損壊率

図18　安政３年東日本台風による洲崎土手の損壊状況　「洲崎一件」（旧幕府引継文書、国会図書館デジタルコレクション）より。一部記入

渡辺浩一（わたなべこういち）

1959年、東京都生まれ。東北大学大学院文学研究科博士後期課程中退。博士（文学）。現在、人間文化研究機構国文学研究資料館・総合研究大学院大学文化科学研究科教授。専門はアーカイブズ学および歴史学。単著に、『近世日本の都市と民衆——住民結合と序列意識』（吉川弘文館、1999年）、『日本近世都市の文書と記憶』（勉誠出版、2014年）、共編著に、『中近世アーカイブズの多国間比較』（岩田書院、2009年）、『契約と紛争の比較史料学——中近世における社会秩序と文書』（吉川弘文館、2014年）、『自己語りと記憶の比較都市史』（勉誠出版、2015年）、*Memory, History, and Autobiography in Early Modern Towns in East and West* (Cambridge Scholars, 2015) などがある。

ブックレット〈書物をひらく〉21

江戸水没——寛政改革の水害対策

2019年11月25日　初版第1刷発行

著者　渡辺浩一

発行者　下中美都

発行所　株式会社平凡社

〒101-0051　東京都千代田区神田神保町3-29

電話　03-3230-6580（編集）

03-3230-6573（営業）

振替　00180-0-29639

装丁　中山銀士

DTP　中山デザイン事務所（金子暁仁）

印刷　株式会社東京印書館

製本　大口製本印刷株式会社

ISBN978-4-582-36461-3

NDC分類番号517.4　A5判（21.0cm）　総ページ88

平凡社ホームページ　https://www.heibonsha.co.jp/

発刊の辞

書物は、開かれるのを待っている。書物とは過去知の宝蔵である。古い書物は、現代に生きる読者が、その宝蔵を押し開いて、あらためてその宝を発見し、取り出し、活用するのを待っている。過去の知であるだけではなく、いまを生きるものの知恵として開かれることを待っているのである。

そのための手引きをひろく読者に届けたい。手引きをしてくれるのは、古い書物を研究する人々である。

これまで、近代以前の書物――古典籍を研究に活用してきたのは、文学・歴史学など、人文系の限られた分野にほぼ限定されていた。くずし字で書かれた古典籍を読める人材や、古典籍を求め、扱う上で必要な情報が、人文系に偏っていたからである。しかし急激に進んだIT化により、研究をめぐる状況も一変した。現物に触れずとも、画像をインターネット上で見て、そこから情報を得ることができるようになった。

これまで、限られた対象にしか開かれていなかった古典籍を、撮影して画像データベースを構築し、インターネット上で公開する。そして、古典籍を研究資源として活用したあらたな研究を国内外の研究者と共同で行い、新しい知見を発信する。これが、国文学研究資料館が平成二十六年より取り組んでいる、「日本語の歴史的典籍の国際共同研究ネットワーク構築計画」（歴史的典籍NW事業）である。そしてこの歴史的典籍NW事業の多くのプロジェクトから、日々、さまざまな研究成果が生まれている。

このブックレットは、そうした研究成果を発信する。「書物をひらく」というシリーズ名には、本を開いて過去の知をあらたに求める、という意味と、書物によるあらたな研究が拓かれてゆくという二つの意味をこめている。開かれた書物が、新しい問題を提起し、新しい思索をひらいてゆくことを願う。

ブックレット
〈書物をひらく〉

1 死を想え『九相詩』と『一休骸骨』 今西祐一郎
2 漢字・カタカナ・ひらがな 表記の思想 入口敦志
3 漱石の読みかた『明暗』と漢籍 野網摩利子
4 和歌のアルバム 藤原俊成 詠む・編む・変える 小山順子
5 異界へいざなう女 絵巻・奈良絵本をひもとく 恋田知子
6 江戸の博物学 島津重豪と南西諸島の本草学 高津 孝
7 和算への誘い 数学を楽しんだ江戸時代 上野健爾
8 園芸の達人 本草学者・岩崎灌園 平野 恵
9 南方熊楠と説話学 杉山和也
10 聖なる珠の物語 空海・聖地・如意宝珠 藤巻和宏
11 天皇陵と近代 地域の中の大友皇子伝説 宮間純一
12 熊野と神楽 聖地の根源的力を求めて 鈴木正崇

13 神代文字の思想 ホツマ文献を読み解く 吉田 唯
14 海を渡った日本書籍 ヨーロッパへ、そして幕末・明治のロンドンで ピーター・コーニツキー
15 伊勢物語 流転と変転 鉄心斎文庫本が語るもの 山本登朗
16 百人一首に絵はあったか 定家が目指した秀歌撰 寺島恒世
17 歌枕の聖地 和歌の浦と玉津島 山本啓介
18 オーロラの日本史 古典籍・古文書にみる記録 岩橋清美 片岡龍峰
19 御簾の下からこぼれ出る装束 王朝物語絵と女性の空間 赤澤真理
20 源氏物語といけばな 源氏流いけばなの軌跡 岩坪 健
21 江戸水没 寛政改革の水害対策 渡辺浩一